BIOLOGICAL
MYSTERY
SERIES PRO

10

古第三紀・
新第三紀・
第四紀の生物

下巻

群馬県立自然史博物館 監修

土屋 健 著

CENOZOIC ERA

技術評論社

はじめに

—— 君がこんど得た教訓は、いつもべつの可能性というものを頭においておかなきゃならん、ということだ ——

創元推理文庫『シャーロック・ホームズの生還』より

　技術評論社の"古生物ミステリーシリーズ"第10巻をお届けします。

　第9巻に続く、新生代をテーマとした1冊です。新生代を構成する三つの地質時代のうち、とくに「新第三紀」と「第四紀」に注目しています。

　全長12mとも20mともいわれる巨大ザメの代名詞「メガロドン」にはじまり、奇蹄類なのに蹄ではなくかぎづめをもつ前脚の長い獣「カリコテリウム」、オオナマケモノこと「メガテリウム」。さらに、日本を代表する生物たちのことも忘れてはなりません。奇妙な姿の哺乳類「デスモスチルス」、大型のワニ「マチカネワニ」、そして、かの有名な「ケナガマンモス」と「ナウマンゾウ」！……などなど、シリーズ本編最終巻となる本書にも多くの古生物が登場します。

　さすがに新第三紀、第四紀ともなれば、誰もが"見知っている動物"がたくさん出てきます。でも、よく見るとどこかがちがう。そんな古生物が多いのもこれらの時代の特徴です。

　個人的には、こだわりのアングルで撮影してきたデスモスチルス、ケナガマンモス、メガテリウムなど、国内の博物館所蔵・展示の全身復元骨格がおすすめです。また、本シリーズで紹介する最後の"時代の窓"、「ランチョ・ラ・ブレア」の標本群にもご注目ください。

　本シリーズは、群馬県立自然史博物館に総監修をいただいております。同館のみなさまには、標本撮影にもご協力いただきました。ペンギン類については足寄動物化石博物館の安藤達郎学芸員、鰭脚類については国立科学博物館の甲能直樹研究主幹、ケナガマンモスとナウマン

ゾウに関しては北海道博物館の添田雄二学芸員、タカハシホタテについては産業技術総合研究所の中島礼研究員にご協力いただきました。また、標本撮影に関して、足寄動物化石博物館のみなさま、北海道博物館のみなさま、徳島県立博物館のみなさまにもご協力いただいています。そして、本巻も世界中のみなさんに、貴重な標本の画像をご提供いただきました。お忙しいなか、本当にありがとうございます。

　制作スタッフは、いつものメンバーです。イラストはえるしまさく氏と小堀文彦氏、写真撮影は安友康博氏、資料収集や地図作図は妻（土屋香）です。デザインは、WSB inc.の横山明彦氏。編集はドゥ アンド ドゥ プランニングの伊藤あずさ氏、小杉みのり氏、技術評論社の大倉誠二氏でお送りしています。

　今、この本を手にとってくださっているあなたに、心の奥底からの感謝を送りたいと思います。ぜひ、ページをめくって、さまざまな古生物たちとの出会いを楽しまれてください。

　このシリーズは、どの巻から読み進めてもそれぞれの時代をご堪能いただける仕様を目指してきました。第9巻と第10巻は上下巻構成ですが、どちらか1冊だけでも十分お楽しみいただけるでしょう。……とはいえ、やはり上巻である第9巻からお読みいただくのがおすすめです。新第三紀と第四紀のお話は、上巻の「第零部」にも詰め込んでおり、イヌ、ネコ、ゾウ、ウマなどの、より"身近な動物たち"の物語をご覧いただけるようになっています。

　新第三紀は、今から約2300万年前に始まりました。約6億3500万年前のエディアカラ紀から始まった本シリーズも、いよいよ終幕近し、です。ぜひ、最後までお楽しみください。

2016年7月

筆者

目次

地質年表 …………………………………………………… 6

第2部　新第三紀 ………………………………………… 7

1　"ほぼ完成"した大陸配置 ……………………………… 8
新第三紀という時代 ……………………………………… 8
地中海、干上がる！ …………………………………… 10
南アメリカの恐鳥類 …………………………………… 11
海鳥たち ………………………………………………… 14
カエルの歯が消えた？　そして、生えた？ ………… 17
巨大ザメの代名詞 ……………………………………… 18
どれほど「巨大」だったのか？ ……………………… 21
月のおさがりと、泳げないホタテ …………………… 24

2　哺乳類!! 哺乳類!! 哺乳類!!! ………………………… 28
ツノをもつものたち …………………………………… 28
キリンの首は2段階で長くなる ……………………… 31
「かぎづめ」をもつ奇蹄類 …………………………… 36
南アメリカの似て非なるものたち …………………… 40
パナマ地峡の誕生 ……………………………………… 46
ザ・巨大ネズミ ………………………………………… 49
"のり巻きを束ねた歯"をもつものたち ……………… 50
デスモスチルスは、泳ぎ上手？ ……………………… 57
鰭脚類、水圏に本格進出する ………………………… 60

3　孤高の大陸の哺乳類 ………………………………… 66
有袋類の大陸 …………………………………………… 66
"緑の大聖堂"の心臓部 ………………………………… 68
コウモリたちのペントハウス ………………………… 75

第3部　第四紀 …………………………………………… 77

1　そして「氷の時代」へ ……………………………… 78
第四紀という時代 ……………………………………… 78
消滅？　復活！　そして、長くなった ……………… 79
繰り返される氷期・間氷期 …………………………… 81
大阪にいたワニ ………………………………………… 83
ちょっと(だけ)、変わった二枚貝 …………………… 86

2 "タール"に封じられた動物たち ……………… 88
　大都市の中の化石産地 …………………………… 88
　捕獲された捕食者たち …………………………… 90
　事故か、事件か、それとも儀式か …………… 96
　北アメリカ最大の哺乳類 ………………………… 97

3 最後の巨獣たち ……………………………… 102
　高耐寒仕様のマンモス ………………………… 102
　日本橋にゾウ類 ………………………………… 107
　ケナガマンモスとナウマンゾウのせめぎあい …… 111
　ケナガマンモスとナウマンゾウは
　　　共存していたのか ………………………… 112
　オオツノジカ …………………………………… 115
　「ホラアナ」の名をもつものたち …………… 123
　木登りできないナマケモノと、
　　　巨大甲羅をもつ哺乳類 …………………… 132
　環境変化か、過剰殺戮か ……………………… 138

4 続・孤高の大陸の哺乳類 ………………… 140
　1936年まで生存 ………………………………… 140
　巨大ウォンバットと、大陸最大級哺乳類 …… 142
　"ジャンプ"ができないカンガルー …………… 145
　衰退する有袋類 ………………………………… 147

エピローグ ……………………………………… 150
　人類へ …………………………………………… 150
　始まりの人類 …………………………………… 153
　ルーシー。そして、ホモ属へ ………………… 156

もっと詳しく知りたい読者のための参考資料 ……………… 162
索引 …………………………………………………………… 167

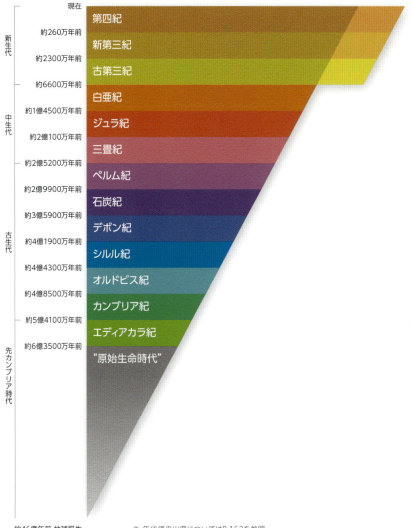

第2部　新第三紀

第2部　新第三紀

1 "ほぼ完成"した大陸配置

新第三紀という時代

いよいよ地質時代をたどる旅も終盤だ。

今から約2300万年前、「新第三紀」が始まった。この時代は、「中新世」と「鮮新世」という二つの「世」で構成され、約2041万年間続いた。「紀」としては古第三紀の半分に満たない長さだが、そのうちの中新世は1700万年以上続いた。これは新生代を構成する七つの「世」のなかで2番目の長さだ（最長は古第三紀の始新世）。中新世が新第三紀に占める割合はじつに87％である。一方、残り13％に当たる鮮新世は、新生代の「世」のなかでは短い方から数えて3番目になる。

まずはじめに、日本古生物学会が編纂した『古生物学事典』第2版（2010年刊行）と、イギリス、ブリストル大学のイアン・ジェンキンスによる『生命と地球の進化アトラス』第3巻（2004年刊行）、アメリカ、カリフォルニア工科大学のドナルド・R・プロセオが著した『After the Dinosaur』（2006年刊行）を参考にしながら、新第三紀を概観しておこう。

新第三紀ともなれば、地球の大陸配置は現在のものとかなり似通っている。孤立した大陸として北上してきたインドはアジアに衝突し、ヒマラヤ山脈をつくりあげた。この衝突の影響で、東南アジアの陸地が太平洋に向かって押し出され、やがて今日のインドシナ半島や中国南部が形成されていくことになる。日本列島がアジアの大陸東端から離れ始めたのも、この時代である。

特筆すべきは、アフリカとヨーロッパが中東地域で接続したことだ。これをもって、古生代末に超大陸パンゲアの東岸の海としてスタートし、さまざまな生物たちの歴史の舞台となってきた「テチス海」が終焉を迎えた。その名残りが、現在の地中海、黒海、カスピ海、

新生代の年表

第四紀	完新世	現　在
		約1万年前
	更新世	
		約258万年前
新第三紀	鮮新世	
		約533万年前
	中新世	
		約2300万年前
古第三紀	漸新世	
		約3390万年前
	始新世	
		約5600万年前
	暁新世	
		約6600万年前

新第三紀(中新世)の大陸配置図
現在の大陸配置とかなり似通ってきた。パナマ地峡は新第三紀の終盤になって完成し、南アメリカは孤立した大陸ではなくなる。図中の国名と地域名は、第2部に登場する主要な化石産地。なお、この地図では上が北である。

アラル海などである。プレートの運動がこのまま続いていけば、これらの海もやがては完全に消え去ることになるだろう。

　北アメリカと南アメリカは、新第三紀が始まったときにはまだそれぞれ独立した大陸だった。しかし、時代が進むにつれ、両大陸をつなぐパナマ地峡が形成されていった。太平洋と大西洋が分断されるときは、すぐそこまで迫っている。

　古第三紀始新世に始まった乾燥化は、新第三紀に入っていよいよ本格化し、森林の縮小と草原の拡大が進んだ。広がる草原に対応するかのように、イヌ類にはイヌ(カニス, *Canis*)属が登場し(上巻の第零部第1章参照)、ウマ類には"最後の進化段階"である1本指のプリオヒップス(*Pliohippus*)が現れた(上巻の第零部第2章参照)。

　新第三紀が始まったころ、気候はまだ「おおむね温暖」と表現することができた。しかし、のちの寒冷化への布石はすでに打たれていた。新第三紀が始まる前に(遅くとも古第三紀の漸新世末までには)、南極大陸が孤立したのである。それまで緑に覆われた温暖な土地だったこの大陸は、周囲を一周する冷たい海流に"包囲"されたことで、しだいに冷え込んでいった。広大な大陸の上には分厚い氷床が発達し、そのために海に供給されていた水分が奪われ、新第三紀の後半には地球規模で海水準の低下が進んでいった。

新第三紀の次には、いわゆる「氷河時代」で知られる第四紀が待っている。地球が冷え込む直前の世界が、そこにはあったのだ。

地中海、干上がる！

現在の地中海は、251万km²の面積と1429mの平均水深をもつ巨大な内海だ。面積でいえば、日本海のおよそ2.5倍、深さは東京スカイツリーを縦に2本沈めてもまだ海面に顔を出さないほどである。

そんな現在の地中海と外洋をつなぐのは、南東のスエズ運河と西のジブラルタル海峡だけである。ジブラルタル海峡の幅は現在の値でわずか15km。日本でいえば、東京湾アクアラインとほぼ同じ長さである。深さでみれば、ジブラルタル海峡の水深は365m以浅だから、東京スカイツリーを沈めると、海水面から276m以上も顔を出すことになる。展望デッキのすぐ上に海水面があるという具合だ。

もしも、スエズ運河がなく、狭くて浅いジブラルタル海峡が"閉じて"しまえば、地中海と外洋をつなぐ水の流れは消失する。孤立した地中海では海水の蒸発が進み、やがて干上がることになる。

だが、これは「もしも」の話ではない。新第三紀中新世の終わりごろ、実際にジブラルタル海峡が地殻変動によって閉鎖され、地中海から海水が消え去ったときがあった（もちろん当時、スエズ運河は存在しない。念のため）。この事件は、「メッシニアン塩分危機」とよばれている。「メッシニアン」とは、中新世を細分化したとき、その最後に位置づけられた地質時代の名前である。

メッシニアン塩分危機に関しては、スイス連邦工科大学のケネス・J・シューが著した『地中海は沙漠だった』（原著は1983年、邦訳版は2003年刊行）や、アメリカ、コロンビア大学のウィリアム・ライアンとウォルター・ピットマンが著した『ノアの洪水』（原著は1998年、邦訳版は2003年刊行）に詳しい（なお、後者はメッシニアン塩分危機を紹介しつつ、旧約聖書の大洪水の謎に迫る1冊である）。

メッシニアン塩分危機の存在が明らかになったきっかけは、1960年代に行われた海洋掘削によって、地中海の複数のポイントの海底からある鉱物を採取できたことだった。「硬石膏」とよばれるその鉱物は、海水に含まれた塩分が濃集してできたもので、地中海が一度干上がったことの証拠である。ほかにも、海水面が低下していたときにつくられた渓谷なども発見された。

　地中海が外洋とつながっていれば、その水は"普通の海水"だ。しかし、水の流れが分断されてしまえば、地中海は巨大な「塩湖」となり、海水の蒸発とともに塩分濃度はみるみるうちに上昇していく。それまで地中海に生息していた海洋生物たちはこの変化に耐えられず、死滅せざるを得なかった。やがてメッシニアン塩分危機が終わり、ジブラルタル海峡が再び"開く"と、大西洋から新たな生物たちがやってきた。こうした動物相の入れ替わりが確認できるのも、地中海の大きな特徴である。

南アメリカの恐鳥類

　古第三紀と同様に、新第三紀の物語の主役も哺乳類である。しかし、本章ではまず愛すべき"脇役"たち、つまり哺乳類以外の動物に関わる話題をまとめておこう。

　まずは、鳥類である。

　鳥類の化石に関しては、アイルランド、ユニバーシティ・カレッジ・ダブリンのガレス・ダイクと、カナダ、ロイヤル・ブリティッシュ・コロンビア博物館のギャリー・カイザーが編纂した『Living Dinosaurs』(2011年刊行) が詳しい。

　上巻の第1部第1章で、古第三紀の北アメリカに暮らした「飛べない鳥」ガストルニス (*Gastornis*) を紹介した。ガストルニスとその仲間は、北アメリカ、ヨーロッパ、アジアと、北半球各地に生息していたが、古第三紀始新世を最後に、化石の記録が途絶えている。

　「飛べない鳥」は、南アメリカにも生息していた。そして、こちらは北半球とはちがい、第四紀更新世の末

まで命脈を保ったのである。絶滅したのはほんの約1万年前なので、ずいぶんと"最近"のことだ。

南アメリカの「飛べない鳥」たちは「フォルスラコス類」とよばれ、「恐鳥類」とも通称される。植物食の可能性が強まったガストルニスとはちがい、フォルスラコス類については、獲物の骨をも砕く強力な"肉食仕様"の顎をもっていたという見方が健在だ。「恐鳥類」という字面のイメージともよく合う。

本書では、2種のフォルスラコス類を紹介しておきたい。

1種目は、グループ名にもなっている**フォルスラコス・ロンギシムス**（*Phorusrhacos longissimus*）だ。2-1-1 アルゼンチンの新第三紀中新世の地層から化石が発見されている。1887年に下顎の化石がはじめて報告されたとき、「おそらく歯のない哺乳類」として記載されたという。その2年後に追加の化石が発見されたことで、ようやく巨大な鳥類であることが判明した。体高は1.6m。ヒトの身長と同じくらいで、ガストルニスよりは一回り小さい。

もう1種は、アルゼンチン、コルドバ国立大学のフェデリコ・J・デグランゲたちが2015年に報告した**ララワヴィス・スカグリアイ**（*Llallawavis scagliai*）である。2-1-2 アルゼンチンの新第三紀鮮新世の中期の地層から発見された。その化石は、全身の9割以上の骨格が保存されており、これまでに報告されているどの恐鳥類の化石よりも完璧なものだった。体高は1.2m。フォルスラコスより一回り以上小柄であり、頭部もフォルスラコスより細く、相対的に全身が華奢に見える。

▲2-1-1
フォルスラコス類
フォルスラコス
Phorusrhacos
代表的な恐鳥類。体高1.6m。「獲物を骨ごと砕く」とされる大きな頭部と、小さな翼が特徴。

▶ 2-1-2
フォルスラコス類
ララワヴィス
Llallawavis

ほぼ"完璧"に保存されていた骨格化石。アルゼンチンのマル・デル・プラタにある自然科学博物館に展示されているもの。体高1.2m。

(Photo: Matias Taglioretti, Fernando Dondas)

Anillos traqueales osificados

このララワヴィスの標本は頭骨内部の保存状態がよく、耳の構造も分析することができた。デグランゲたちの研究によると、ララワヴィスが聴き取ることのできた音は380.53〜4229.63Hzで、平均値は2305.08Hzであるという。この論文では、比較対象として、いくつかの現生鳥類の聴覚能力も紹介されている。たとえば、スズメの仲間であるキンカチョウ（*Taeniopygia*）の値は1000〜5700Hzで、平均値は3350Hzであるという。ララワヴィスの聴き取ることのできる音の幅は、キンカチョウよりも狭く、低いわけだ。ちなみに、この研究で挙げられた現生鳥類のなかでは、ペンギン（*Spheniscus*）の値がララワヴィスに最も近かった。

「聴き取ることができた」ということは、その音域の少なくとも一部を「発する」こともできたと考えるのが自然だろう。デグランゲたちは、ララワヴィスがペンギンのような声で仲間とコミュニケーションを取り、狩りをしていた可能性を指摘している。

また、ララワヴィスの特徴の一つとして、頭骨のつくりががっしりしているという点が挙げられる。『Science』のwebニュースでは、ララワヴィスがクチバシを使って獲物を攻撃したり、獲物の肉を切り裂いたりした可能性があるとしている。

ララワヴィスを含め、フォルスラコス類が狩人だったのか、それとも腐肉食者だったのかについては、なお新たな標本や研究法、議論を必要としている。

海鳥たち

「骨質歯鳥類」という海鳥が、かつて世界中で繁栄していた。日本語では「偽歯鳥類」、英語では「bony-toothed bird」や「pseudodontorn」ともよばれるグループで、ペリカンの仲間に分類される。一見すると典型的な海鳥の風貌をもつが、その最大の特徴はクチバシにある。通常の鳥類はクチバシをもつかわりに、歯をもたない。ところが骨質歯鳥類の場合、クチバシの骨に「歯のような突起」が並んでいるのだ。あくまでも「突

起」なので、一般的な「歯」とはつくりが異なり、抜けることはない。滑りやすい獲物、たとえば、柔らかい魚やイカなどを捕獲するのに役立ったとみられている。

　骨質歯鳥類そのものは、世界各地の古第三紀〜新第三紀の海でできた地層から、複数の種の化石が産出する。そのなかでも、とくに日本でよく知られているのは、埼玉県や三重県などの新第三紀中新世の地層から化石が発見されている**オステオドントルニス**(*Osteodontornis*)だろう。2-1-3 生態が近いとされるアホウドリ(*Phoebastria albatrus*)は翼開長2mだが、三重県で化石が発見されているオステオドントルニスの翼開長は3.5mに達したと推測されている。さらに、北アメリカでは翼開長が5mにもなる近縁の骨質歯鳥類も報告されている。

　ペンギン類にも注目したい。2007年、フランス、クロード・ベルナール・リヨン1大学のウルスラ・B・ゲーリッヒによって、新第三紀中新世の中期と後期の境界付近に当たる約1300万〜1100万年前に堆積したペルーの地層から、ペンギン類にとって記念すべき化石が報告されている。

　その化石は部分的なものであったが、スフェニスクス・ムイゾニ(*Spheniscus muizoni*)と名づけられた。「スフェニスクス」である！

　この属名が意味するところは大きい。なぜならば、「現生のペンギン類の属と同じ」と分類されたことになるからだ。たとえば、フンボルトペンギン(*Spheniscus humboldti*) 2-1-4 やケープペンギン(*Spheniscus demersus*)、

▲2-1-3
骨質歯鳥類
オステオドントルニス
Osteodontornis
上段は三重県津市美里町の中新世の地層から発見された下顎（の一部）。標本長約7cm。歯のような突起が並んでいることがわかる。下段は復元図。
（Photo：瑞浪市化石博物館）

▲2-1-4
フンボルトペンギン
スフェニスクス属の現生種の一つ。クチバシが太くて短い。
(Photo：Wrangel / Dreamstime.com)

マゼランペンギン（*Spheniscus magellanicus*）などはみな、スフェニスクス属である。スフェニスクス・ムイゾニは、スフェニスクス属のなかで最も古い種であると同時に、"現代型ペンギン"の最古の種とされている。

スフェニスクス・ムイゾニの身長は、ケープペンギンやマゼランペンギンとほぼ同じ70cm弱とみられている。残念ながら、頭部の化石が発見されていないため、復元図を描くことは難しい。しかし、現生のスフェニスクス属と同じ頭部をもっていたとすれば、古第三紀に登場したペンギン類（上巻第1部第2章参照）との間には、ある決定的なちがいがあったはずだ。

それはクチバシの形である。古第三紀のペンギン類のクチバシは細くて長く、スフェニスクス属をはじめとする現生ペンギン類のクチバシは相対的に太くて短い。これは、ターゲットとする獲物のちがいを表すのではないか、と足寄動物化石博物館の安藤達郎やゲーリッヒは指摘している。ちなみに、現生のスフェニスクス属のメインターゲットはカタクチイワシ（*Engraulis japonica*）で、ヒトが片手でつかめるほどの大きさだ（なお、現生ペンギン類において最も小型の獲物に特化しているのは、アデリーペンギン（*Pygoscelis*）やイワトビペンギン（*Eudyptes*）の仲間など、スフェニスクス属以外の仲間である）。古第三紀のペンギン類は、もっと大きな獲物をターゲットとしていたのだろう。実際、体のサイズを見ても、古第三紀のペンギン類はたいていの現生ペンギン類より大きい。

古第三紀から新第三紀にかけてペンギン類をこのように変化させたものとは、いったい何だったのか。一つには、古第三紀始新世末にあった環境変動が挙げられている。このとき、大型のペンギン類の多くは絶滅した。また、別の側面として、この危機を乗り切った種に影響をおよぼしたのは、当時台頭してきていたクジラ類だったと、安藤は指摘している。クジラ類の進化と繁栄は、古第三紀の間に一気に進んだ（上巻第1部第2章および第7章参照）。獲物をめぐる争いにおいてクジラ類に"敗北"した結果、新第三紀のペンギン類は食性を変えざるを得なかった、というわけである。

カエルの歯が消えた？ そして、生えた？

　本シリーズでは、両生類の進化のなかで、とくにカエルに注目してきた。これは、筆者が特段にカエル好きだからというわけではなく（嫌いでもないけれど）、執筆のための情報を収集していくと意外に（?）カエルの面白いネタが多かったからである。結果として、『石炭紀・ペルム紀の生物』以降、各時代の巻に必ず何らかのカエルの話を書いてきた。

　新第三紀にも、カエルに関する興味深い話があるので紹介しておこう。カエルの「下顎の歯」に関する研究である。

　そもそも現生のほとんどのカエルは上顎のみに歯をもち、下顎にはもたない。これは、カエルの仲間だけにある特徴で、同じ両生類であるイモリやサンショウウオの仲間は、上下の顎に歯をもっている。化石記録を見ると、中生代三畳紀初頭に登場した"最古のカエル"であるトリアドバトラクス（*Triadobatrachus*）には、すでに下顎の歯がなかった（『三畳紀の生物』第3章参照）。 2-1-5

　カエルは下顎の歯をもたない。しかし、先に「ほとんどの」とつけ加えたように、例外的な存在もいる。それが、コロンビアやエクアドルに生息する、フクロアマガエルの1種、ガストロセカ・グエンセリ（*Gastrotheca guentheri*）だ。 2-1-6 現生種、化石種問わず、知られている限り唯一の「下顎に歯をもつカエル」である。

　アメリカ、ニューヨーク州立大学ストーニー・ブルック校のジョン・J・ウィーンズは、170種の現生両生類の遺伝子を調べ上げ、化石種のデータも参考にしながら、その系統関係を明らかにするという研究を2011年に発表した。この研究によれば、ガストロセカ・グエンセリの直接の祖先は、今から約1700万〜500万年前、つまり、新第三紀の中新世なかばから鮮新世初頭のどこかで、突然、下顎に歯を生やして出現したという。

　進化の原則から考えると、これは奇妙なことである。なぜならば、進化には"不可逆の法則"があると考えられているからだ。「不可逆」と書くと何やら小難しい雰

▲2-1-5

カエル類
トリアドバトラクス
Triadobatrachus
中生代三畳紀に生息していた、知られている限り最も古いカエル。すでに下顎の歯はない。

▶2-1-6
フクロアマガエル類
ガストロセカ・グエンセリ
Gastrotheca guentheri
下顎に歯をもつ唯一のカエル(現生種)。
(Photo：K.B. Miyata / the Biodiversity Institute)

囲気があるが、要は「失ったものは、取り戻せない」という意味である。覆水盆に返らず、だ。たとえば、上巻の第零部第2章では、ウマ類が進化とともに指の本数を減らしてきたことを紹介した。この進化の過程で減った指の本数は、その後も二度と増えていないのである。

話をカエルに戻そう。カエルを含む両生類の原始的な種は上下ともに歯をもっている。その後、かなり早い段階(三畳紀のトリアドバトラクスよりも前の段階)で下顎の歯を消失したはずだ。それなのに、ガストロセカ・グエンセリは、一度"失った"歯を、もう一度"手に入れた"のである。

なぜ、ガストロセカ・グエンセリは、進化のトレンドに"逆らって"下顎に歯をそなえるようになったのか？その答えは、依然として謎のままである。今後、新第三紀の地層から新たな化石が発見されれば、何か手がかりを得ることができるかもしれない。

巨大ザメの代名詞

古第三紀末に登場し、新第三紀の海を謳歌した巨大なサメがいた。通称「**メガロドン**」だ。 2-1-7 アメリカ、フィールド博物館のカタリナ・ピミエントと、スイス、チューリッヒ博物館のクリストファー・F・クレメンツによって2014年に発表された研究では、新第三紀のほぼ

全期間において、海洋の覇者として君臨したとされている。

「通称」としたのは、このサメの名前に関しては、いささかややこしい問題をはらんでいるからである。

まず、メガロドンを「*Megalodon*」というように最初の「M」を大文字で書いた場合は、古生代なかばから中生代のジュラ紀まで栄えた絶滅二枚貝を指す。2-1-8 まったくの"別人"である。ちなみにこの貝は日本からも化石が発見されており、丸まった貝殻が特徴的だ。白亜紀に繁栄した独特の姿をもつ二枚貝グループ「厚歯二枚貝」(『白亜紀の生物 上巻』第4章参照)の祖先と目されている。

▼2-1-7
サメ類
"メガロドン"
Carcharodon megalodon

アメリカ、ノース・カロライナ州産のメガロドンの歯化石。右は、チリのアタカマ砂漠から産出した現生ホホジロザメ(*Carcharodon carcharias*)の歯化石。ともに実寸大である。メガロドンの巨大さが伝わるだろうか。復元図は次ページに。
(Photo:オフィス ジオパレオント)

19

"メガロドン"の復元図

▲2-1-8
二枚貝類
メガロドン
Megalodon
イタリアにある三畳紀の地層から産出した二枚貝化石。がっしりとした蝶番と、厚い殻が特徴。サメ類の"メガロドン"とは関係ない。標本長7cm。
(Photo：the University of Padua)

　本章で紹介するサメのメガロドンは、「*megalodon*」というように「m」を小文字で書く。スペル自体はまったく同じなので注意が必要だ。大文字の「*Megalodon*」（二枚貝）が「属名」であるのに対し、小文字の「*megalodon*」（サメ）は「種小名」である。学名は、属名と種小名をあわせて「種名」として表記するので、当然のことながらサメの「*megalodon*」にも属名がある。"フルネーム"は、「カルカロドン・メガロドン（*Carcharodon megalodon*）」。したがって、たとえば『古生物学事典』などで本種を探す場合は、「メ」の項目ではなく「カ」の項目に掲載されているので気をつけられたい。

　「カルカロドン」という属名は、現生のホホジロザメ（*Carcharodon carcharias*）と同じである。ホホジロザメは、いわゆる「人食いザメ」としてよく知られる恐ろしいサメだ。『世界サメ図鑑』によれば、全長4.8〜6m（まれに6.4m）という大型のサメで、マグロなどの大型の魚類や、アザラシなどを獲物とする。メガロドンの属名を「カル

カロドン」とするのは、ホホジロザメと同属別種という見方によるものだ。

　しかし、じつはメガロドンの「属」に関しては、研究者間で見解が統一されていない。先に紹介した『古生物学事典』や、日本の多くの博物館では「カルカロドン・メガロドン」と表記する。一方で、「カルカロクレス・メガロドン（*Carcharocles megalodon*）」とする場合や、メガセラクス（*Megaselachus*）という亜属に含めたうえで「オトダス・メガセラクス・メガロドン（*Otodus* (*Megaselachus*) *megalodon*）」とする場合もある。「なんのこっちゃ？」と思われる読者の方も多いかもしれないが、一般的な認識としては、ホホジロザメと同じ属とみなすか否かという議論がなされている、という程度でいいだろう。本書でもこれ以上の深入りはせず、慣例どおり「メガロドン」との表記を続けることにする（すなわち、「メガロドン」と書いた場合は、二枚貝の方ではなく、サメを指す）。

どれほど「巨大」だったのか？

　メガロドンは、"巨大なサメ"といわれている。ただし、いったいどれくらい大きかったのかといえば、じつはよくわかっていない。世界中で化石は発見されているものの、そのほとんどは歯化石なのである。大きなものでは、高さが15cmをこえる歯もあり、幅と厚みのあるそうした標本は、手にもつとずっしり重い。これだけ大きな歯をもつのだから、さぞや大きな体をしていたのだろうと思われるが、ほかの部位の化石がほとんど発見されていないので、全体像は不明だ（化石として残りにくい軟骨魚類の悲しい点である）。

　メガロドンの歯化石の産地としてよく知られているのは、アメリカのサウス・カロライナ州やノース・カロライナ州だが、日本でも埼玉県や群馬県、茨城県、宮城県、岐阜県など各地から産出の報告がある。2-1-9 1986年に埼玉県深谷市を流れる荒川の河床から発見された73本の歯は、同一個体に属する世界最多の歯群として知られている。2-1-10

▶2-1-9
群馬県安中市産のメガロドンの歯化石。実寸大。群馬県立自然史博物館所蔵。
（Photo：群馬県立自然史博物館）

　こうした歯化石から全長が推定されるわけだが、たとえば『古生物学事典』の第2版では全長11〜20mと書かれており、最小値と最大値では倍ほどの幅がある。もしも20mだとすれば、現生のホホジロザメの3倍以上の大きさである。マッコウクジラ（*Physeter macrocephalus*）よりも一回り大きいことになるから、まさしく海の王者としての貫禄と迫力をそなえていたといえよう。

　前述の、世界で最もそろった歯群である埼玉県の標本からは、全長12mという値が算出されている。『古生物学事典』の「20m」というインパクトにはおよばないも

▲2-1-10
埼玉県深谷市産のメガロドンの歯化石群(歯群)の一部。埼玉県立自然の博物館で展示されているもの。
(Photo：オフィス ジオパレオント)

のの、一般的な貸切大型観光バスとほぼ同サイズだ。ちなみにこの歯群化石は、現在、埼玉県立自然の博物館に所蔵・展示されている。同館の開館10周年を記念して制作された実寸大の生態モデルは、同一個体の歯化石をもとに復元したものとして価値が高い。もし訪ねる機会があれば、天井から吊られたその巨大なモデルに注目である。2-1-11

　ホホジロザメの情報が盛り込まれた『GREAT WHITE SHARKS』(1998年刊行)に、アメリカ、カルバート・マリン・ミュージアムのミカエル・D・ゴッドフリーたちがメガロドンに関する論文を寄稿している。その研究では、メガロドンの歯化石のなかでも最大級の標本(高さ16cm超)と現生のホホジロザメの歯を比較することで、メガロドンの全長を推定した(ちなみに、前述の埼玉県の標本からの算出方法も同様である)。はじき出されたのは、最大15.9mという数値だ。これもまた「20m」という値よりはいささか小さいが、それでもホホジロザメの約2.5倍という大きさである。ゴッドフリーたちの研究では、全長のほかに、47.69tという途方もない値の体重も算出されている。マッコウクジラ以上の値である。

　2008年、オーストラリア、ニューサウスウェールズ大学のS・ローたちは、47.69tのメガロドンの顎にどれほどの噛む力があったのか、コンピューター上で3次元モデルを作ることによって検証している。ローたちの研究

▶2-1-11
23ページの歯群にもとづいて復元されたメガロドンの実寸大生態モデル。埼玉県立自然の博物館で天井から吊られている。2階の通路からも見ることができるので、訪問の際はぜひさまざまな角度から観察されたい。
(Photo：オフィス ジオパレオント)

によれば、47.69tのメガロドンの噛む力は、じつに10万8514N(ニュートン)に達するという。10万超である！ 同じ方法で計算された現生ホホジロザメの最大値は1万8216Nだから、その6倍の値だ。 もしこれが正しければ、メガロドンは脊椎動物史上でも類を見ないほどパワフルな捕食者だったといえよう。

月のおさがりと、泳げないホタテ

さて、無脊椎動物の話にも触れておこう。改めて述べるまでもなく、本書は「日本の書籍」なので、次の2種の日本産無脊椎動物の紹介を欠かすことはできない。**ビカリア**(*Vicarya*)と**タカハシホタテ**(*Fortipecten takahashii*)である。

ビカリアは、現生のキバウミニナ(*Terebralia palustris*)に近縁とされる巻貝である。キバウミニナは、マングローブが生育するような温かい汽水域に生息し、マングローブの落ち葉を食する。大きな個体では、全長10cmにまで成長する。絶滅種であるビカリアも同様で、温かい汽水域を好み、成長すると10cm前後になった。殻には、上部から下部にいくほど大きくなる突起が並び、その突起の形に地域や個体による差があることが知られている。

◀▲2-1-12
腹足類
ビカリア
Vicarya
岐阜県瑞浪市に分布する中新世の地層から産出した化石。いわゆる「巻貝」である。標本長約10cm。上は復元図。その名前は、最初に本種が報告されたパキスタンの地質調査を行ったMajor Vicaryに由来。
(Photo：瑞浪市化石博物館)

▲2-1-13
月のおさがり
岐阜県瑞浪市産。標本長は約6.5cm。ビカリアの殻の内部に二酸化ケイ素や炭酸カルシウムが沈殿し、メノウやオパールとなったもの。
(Photo：瑞浪市化石博物館)

　ビカリアの化石は、インドから西太平洋の各地域で産出報告があり、生息していた時代は、古第三紀と新第三紀、新第三紀と第四紀の境界をまたぐ。

　日本における産出記録は、古第三紀始新世と新第三紀中新世の地層に限定されている。2-1-12 北海道から九州までの広い範囲から産出するので、当時の日本全域がいかに暖かかったのかがよくわかる。そうした化石産地のなかで特筆すべきは、岐阜県瑞浪市とその周辺だ。この地からはビカリアの"ノーマルな化石"のほか、殻自体はなくなっているものの、殻の内部がメノウやオパールに置換された珍しい化石も産出する。きれいな螺旋状に回転した形をもつ、ちょっとした宝石である。この化石のことを、「月のおさがり」とよぶ。「おさがり」とは「うんち」のことで、もちろん形に由来するものだろう。なんとまあ、風流に表現された化石である。2-1-13

　タカハシホタテは、新第三紀中新世末の北海道に登場し、鮮新世前期にはカムチャツカ半島から日本の東北地方にまで勢力を広げ、たいへん繁栄した。2-1-14

しかしその後、分布域が狭まり、第四紀に入ってほどなく絶滅した。ちなみに、「タカハシホタテ」の「タカハシ」とは、最初にこの化石を発見したタカハシ氏（第二次世界大戦前、サハリンの中学校で教鞭を取っていた人物）への献名とされる。

タカハシ「ホタテ」という和名からもわかるように、現生のホタテガイ（*Mizuhopecten yessoensis*）の仲間である。実際、タカハシホタテを真上から見ると、ホタテガイとよく似た形をしている。しかし真横から見ると、別種であることがよくわかる。ホタテガイは二枚の殻が平たい。しかし、タカハシホタテは右殻が大きく膨らんでいるのである。しかもその殻は厚くて重い。

タカハシホタテに関しては、産業技術総合研究所の中島礼たちによる研究や先人の成果をまとめたものがわかりやすく、おもしろい。ここでは、2007年に中島が古生物学会和文誌『化石』に寄稿した原稿や、同研究所のwebサイトで公開している情報をもとに、タカハシホタテの生態について紹介したい。

あまり知られていないかもしれないが、ホタテガイは泳ぐ。殻を大きく開き、急速に閉じる。このときに水を吐き出すことで、ホタテガイは推進力を得て泳ぐことができる。

◀ 2-1-14

二枚貝類

タカハシホタテ
Fortipecten takahashii

平らな左殻(26ページの左)と膨らんだ右殻(26ページの右)。そして、側面(27ページ)。北海道雨竜郡沼田町産。殻の横幅が約16cm。「タカハシホタテガイ」とも。
(Photo：産業技術総合研究所 地質調査総合センター)

　しかし、タカハシホタテの場合、幼いときはホタテガイ同様に泳ぐことはできても、成長すると泳がなく(泳げなく)なったようだ。性成熟をするころになると殻を広げるように成長させることを止め、殻を厚くし始めるのである。結果として重くなり、2年目以降はほとんど泳ぐことができなかったとみられている。捕食者から「泳いで逃げる」よりも、殻を厚くすることで「防御力を高める」ことを選んだわけだ。

　新第三紀鮮新世においては、タカハシホタテは大繁栄を遂げることに成功する。しかし、結果を見れば、成体でも遊泳できたホタテガイは現在まで生き延びて、成体になると遊泳できなくなったタカハシホタテは滅びてしまったということになる。

　中島は、「タカハシホタテの貝柱は大きくて食べがいがあったのでは?」と尋ねられることが多いという。実際、タカハシホタテの貝柱は、ホタテガイの2〜3倍の厚さがあり、直径も若干大きめであったと推定されている。しかし、タカハシホタテは成長にともなって遊泳能力を捨てていた。すなわち、ほとんど運動していなかったのだ。中島は「身が締まっておらず、水っぽくて大味だったのではないか」としている。

第2部 新第三紀

2 哺乳類!! 哺乳類!! 哺乳類!!!

ツノをもつものたち

鯨偶蹄類のなかの、いわゆる「偶蹄類」は、古第三紀始新世に起きた哺乳類の第二次適応放散で出現した（上巻の第1部第6章参照）。現在ではイノシシの仲間、ラクダの仲間、シカの仲間、キリンの仲間、ウシの仲間などを擁するグループとなり、現生種は200種をこえている。たいした繁栄ぶりである。

偶蹄類が今よりさらに栄えていた新第三紀には、現在では見ることのできないさまざまな種がいたことがわかっている。この章では、国立科学博物館の冨田幸光が著した『新版 絶滅哺乳類図鑑』（2011年刊行）と、アメリカ、オクシデンタル大学のドナルド・R・プロセロとソルトレイク市土地管理局のスコット・E・フォスの編著である『THE EVOLUTION of ARTIODACTYLS』（2007年刊行）をおもな参考にしながら、とくにツノをもつ偶蹄類に注目したい。

まずは、北アメリカの新第三紀中新世の前期後半の地層から化石が産出する**シンディオケラス**（*Syndyoceras*）2-2-1 と、中新世後期初頭の地層から化石が産出する**シンテトケラス**（*Synthetoceras*）2-2-2

▶ 2-2-1
鯨偶蹄類
シンディオケラス
Syndyoceras
基部で枝分かれしたY字型のツノをもつ。「ツノ」というと、シカを彷彿とさせるが、本種はシカよりもラクダに近縁である。頭胴長約1.5m。

を紹介しよう。よく似た名前をもつこの2種は、ともにラクダの仲間に近縁な絶滅グループに属している。

シンディオケラスとシンテトケラスは、両眼窩の後ろと吻部の上に、骨でできたツノをもっている。吻部のツノは、両種とも「Y」の字に近い特徴的な形をしている。このうち、シンディオケラスの「Y」は基部付近で枝分かれしており、限りなく「V」の字に近くなっている。一方のシンテトケラスのYは、基部から離れた位置で枝分かれしている。

新第三紀中新世の後期に現れた**イリンゴケロ**

◀▼2-2-2
鯨偶蹄類
シンテトケラス
Synthetoceras
シンディオケラスとはちがう形のY字型のツノをもつ。シンディオケラスと同じくシカよりもラクダに近縁。頭胴長約2m。上は国立科学博物館所蔵・展示の頭骨標本、下は復元図。
(Photo：国立科学博物館)

▲2-2-3
プロングホーン類
イリンゴケロス
Illingoceros
螺旋を描きながら、垂直にのびるツノをもつ。肩高約80cm。

▲2-2-4
プロングホーン類
ヘキサメリックス
Hexameryx
まるで6本のツノがあるように見える。肩高約70cm。

ス（*Illingoceros*）2-2-3 と、中新世末期の**ヘキサメリックス**（*Hexameryx*）2-2-4 は、シンディオケラスたちとは趣の異なるツノのもち主である。ともに化石は北アメリカから産出する。現生のプロングホーン（エダツノレイヨウ：*Antilocapra americana*）に近縁とされる。プロングホーンは、両眼窩の上に「r」の字に似た形のツノをもつ。

イリンゴケロスのツノは、両眼窩の後ろでぐるぐると螺旋状にねじれながら、垂直方向に長くのびている。現生のプロングホーンのツノが25cmほどであるのに対し、イリンゴケロスのツノの長さは30cmをこえることも珍しくなかった。ところで、この螺旋状のツノの形をどこかで見た記憶があると思ったら、幼いころに駄菓子屋で買った"くるくる棒"状のゼリーにそっくりだ（今の若い読者のみなさまに伝わるだろうか）。

ヘキサメリックスのツノも独特である。「ヘキサ」（ギリシア語の「6」）の名が示唆するように、両眼窩の上に3本ずつ、計6本のツノがあるように見えるのだ。もっとも、それぞれの基部を見ればつながっており、実際には3つに分かれた2本のツノということになる。

特徴的なツノをもつ偶蹄類は多い。さらに3種を紹介しておこう。リビアとエジプトの新第三紀中新世前期の地層から化石が発見されている**プロリビテリウム**（*Prolibytherium*）2-2-5、フランスとスペインの中新世前期の地層から産出する**アンペロメリックス**（*Ampelomeryx*）2-2-6、スペインの中新世前期の地層から出ている**トリケロメリックス**（*Triceromeryx*）2-2-7 である。

このうち、プロリビテリウムのツノが異色中の異色だ。まるで盾のように広くて平たいツノ（もはやツノとよんでいいかわからないが）をもっているのである。これに対し、アンペロメリックスは、両眼窩の上に外側に張り出したツノと、額から後方に向かってのびる平たいY字型のツノをもつ。実際には、このY字のツノも（プロリビテリウムほどではないにしろ）平たいので、「ツノ」とよぶのはしっくりこないかもしれない。トリケロメリックスは「3本ツノ」を意味する「トリケロ」の名の通り、両眼窩の上に1本ずつと頭頂部に1本、合計3本のツノをもつ。そ

◀ 2-2-5
反芻類
プロリビテリウム
Prolibytherium
盾のように平たい"ツノ"をもつ。板の前後幅が35cmに達した。

▲ 2-2-6
反芻類
アンペロメリックス
Ampelomeryx
後頭部に、長さ20cmになる平たいY字状のツノをもっていた。

▲ 2-2-7
反芻類
トリケロメリックス
Triceromeryx
眼の上のツノはまっすぐにのびる。後頭部の平たいツノは、アンペロメリックスと比べて幅がせまい。

して、頭頂部のツノの先端が小さく二股に分かれる。

なお、日本語では「ツノ」とひとくくりにするが、英語では形状によってOssicone, Antler, Horn, Pronghornとよび分けている。これまでに紹介した偶蹄類のツノがどの呼称に当たるか、興味があれば調べてみるといいだろう。

キリンの首は2段階で長くなる

現在の地球において、「長い首の哺乳類」といえばキ

リン（*Giraffa camelopardalis*）だろう。肩高3m前後にして、長さ2.5mにおよぶ首をもち、身長は5mをこえる。日本の一般的な戸建て住宅の2階の天井に届くかどうかという高さだ。

生命史にはこれまでにも「長い首」の動物がいくつも登場した。代表的なものは、中生代の「竜脚類」と「クビナガリュウ類」だろう。いずれも爬虫類である。竜脚類は長い首と長い尾をもつ四足歩行の植物食恐竜だ。クビナガリュウ類は、フタバサウルス（*Futabasaurus*）（和名：フタバスズキリュウ）に代表される、文字通り長い首をもつ海棲爬虫類である。この二つの爬虫類の首の長さは、種によっては5m（キリンの身長と同等）をこえていた。

これらの爬虫類とキリンの最大のちがいは、首を構成する骨の数である。「首の長い爬虫類」の場合、種によっては数十個の骨（頸椎）で構成されている（『白亜紀の生物 下巻』第8章などを参照）。しかし、キリンの頸椎は7個しかない。哺乳類の頸椎の数は、例外はあるものの基本的には一定であり、ヒトでもネズミでも等しく7個である。すなわちキリンの首は、頸椎の一つ一つが長いのである。

そんなキリンも、かつては首が短かった。これは、化石を見るまでもない。現生種に「より原始的な存在」とされるキリン類（科）がいるからだ。それが、アフリカ中央部の熱帯雨林に生息するオカピ（*Okapia johnstoni*）である。身長2.2mに対して、肩高1.8m。首の長さは、たとえばウマやシカの仲間などと比べてけっして長いわけではない。アメリカ、コロンビア大学などを歴任したエドウィン・H・コルバートたちの著書『脊椎動物の進化 原著第5版』（原著、邦訳版ともに2004年刊行）では、オカピを「中新世型のキリン類」の好例として挙げている。

キリン類は、オカピのような短い首の祖先から、現生種のような長い首へとしだいに進化していった。……このシナリオは、大筋としては間違いないものの、その道のりはもう少し複雑だったようだ。

2015年、ニューヨーク工科大学のメリンダ・ダノウィッ

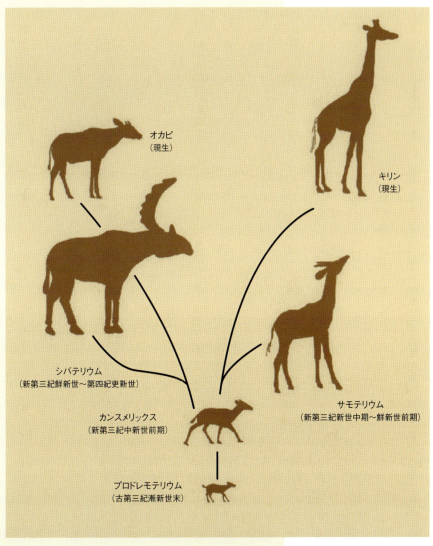

▲2-2-8
キリン類の系統樹
カンスメリックス以降、「首が短くなる」系統と、「首が長くなり続ける」系統に分かれたとされる。Nikos Solounias提供の図を一部改変して掲載。

ツたちは、現生種を含む11種のキリン類の第三頸椎に注目し、キリン類の進化を分析した研究を発表した。

ダノウィッツたちによれば、古第三紀漸新世末に登場した、"キリン類の祖先に最も近い鯨偶蹄類"であるプロドレモテリウム(*Prodremotherium*)の第三頸椎には、すでに"伸長"の兆しが確認できるという。そして、1600万年前(新第三紀の中新世前期)に登場した"最も原始

▶ 2-2-9
キリン類
シバテリウム
Sivatherium

首が一度長くなりかけた祖先をもつが、のちに首が短くなったとされるキリン類。翼のように広がったツノが特徴的だ。肩高約2〜2.2m。

なキリン類"カンスメリックス（*Canthumeryx*）にも、第三頸椎の伸長が確認できる。キリン類は、すでに祖先の段階から首が長くなりかけていたのである。

　しかしその後、キリン類の進化の道は二手に分かれた、とダノウィッツたちは指摘している。一つはそのまま首が長くなっていったグループで、もう一つは逆に短くなっていったグループである。　2-2-8

　後者から先に注目しよう。「首が短くなっていったグループ」の代表種として、ダノウィッツたちは、新第三紀鮮新世に登場した**シバテリウム**（*Sivatherium*）を挙げている。　2-2-9　シバテリウムは、『新版 絶滅哺乳類図鑑』で「ヘラジカ（*Alces alces*）を思わせる体形」と紹介されており、そのイメージの通り、首はけっして長くない。このグループは、「祖先の首は長くなりかけていたけれど

◀▼2-2-10
**キリン類
サモテリウム**
Samotherium
首が長くなり続ける途上のキリン類。肩高1.5m前後。下はイギリス、ロンドン自然史博物館所蔵の頭骨標本。
(Photo : The Trustees of the Natural History Museum, London)

現生キリン

サモテリウム

現生オカピ

◀2-2-11
キリン類の第3頸椎
上段から、現生のキリン、サモテリウム、現生のオカピ。左は背側、右は側面の写真で、それぞれ左部が上(頭骨方向)。オカピと比較するとサモテリウムは、上部が伸長し(画像左側)、キリンは上部と下部の両方が伸長している。
(Photo : Nikos Solounias)

も、進化の過程で再び短くなった」と考えられており、現生のオカピもその仲間である。そうなると、コルバートたちがいうように、オカピのことを「原始的な存在」とするのは早計かもしれない。ちなみに、シバテリウムはツノの形がおもしろいので注目されたい。両眼窩の後ろのツノは小さく目立たないが、その後方にまるで翼のように広がった平たくて大きいツノがある。

　もう一方の、「首が長くなっていったグループ」の進化も、単調なものではなかったようだ。約700万年前（新第三紀中新世末）に登場した**サモテリウム**（*Samotherium*）の第三頸椎は、上部（頭側）がのびていた。2-2-10 しかし、約100万年前（第四紀更新世）に登場した現生キリンと同属別種のジラファ・シヴァレンシス（*Giraffa sivalensis*）は、第三頸椎の上部の伸長に加えて、下部（胴部側）が長くのびていたことがわかったのだ。これは、現生キリンにも見られる特徴である。2-2-11 まず、上部がのび、その後、下部がのびた。この「2段階の進化」がキリンの首を長くした、とダノウィッツたちは結論している。さらに、現生キリンに関しては第七頸椎の伸長も確認できるという。

　このように、新第三紀は、キリン類の首が「長くなっていったグループ」と「短くなっていったグループ」に別れた時代であった。「長くなっていったグループ」については、ひょっとすると"進化の第2段階"が始まっていたかもしれない。いったい、当時のキリン類に何があったのか？　なぜ、進化に二つの段階が必要だったのか？
　それは依然として謎のままである。

「かぎづめ」をもつ奇蹄類

　奇蹄類は、文字通り「奇数の蹄（指）」をもつことを特徴とする。しかし、進化の歴史のなかでは、必ずしも奇蹄類が「奇数本」の指をもつとは限らなかった。たとえば、奇蹄類の代表ともいえるウマ類には、4本指の絶滅種も存在した（上巻の第零部第2章参照）。『新版 絶滅哺乳類図鑑』では、「重要なことは指の数ではなく、体

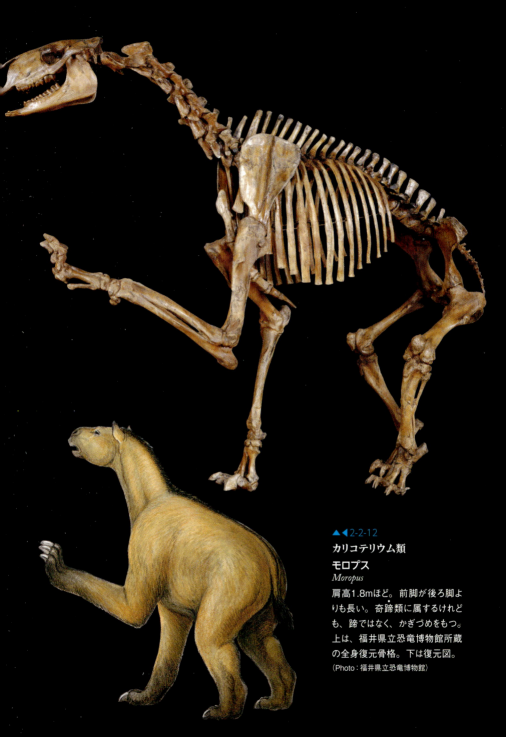

▲◀ 2-2-12
カリコテリウム類
モロプス
Moropus
肩高1.8mほど。前脚が後ろ脚よりも長い。奇蹄類に属するけれども、蹄ではなく、かぎづめをもつ。上は、福井県立恐竜博物館所蔵の全身復元骨格。下は復元図。
（Photo：福井県立恐竜博物館）

重を支える中心軸が第三指(=中指)を通っていることである」としている(ただし、この特徴は奇蹄類だけのものではないともされる)。

奇蹄類は、遅くとも古第三紀始新世の初期には出現し、中期にはすべての既知のグループ(科)が出そろった。古第三紀の後半は、奇蹄類の"黄金期"に当たる。上巻の第1部第6章で紹介した史上最大の哺乳類であるインドリコテリウム(*Indricotherium*)やブロントテリウム類は、そうした黄金期の構成員だ。しかし、新第三紀の中新世中期になると、奇蹄類は衰退し始める。

そんな衰退期にあだばなのように生息域を広げ、第四紀に入ってほどなく絶滅したグループに「カリコテリウム類」がいる。カリコテリウム類は、奇「蹄」類であるにも関わらず、蹄ではなく「かぎづめ」をもっていた。代表種は、新第三紀中新世の北アメリカとヨーロッパに生息していた**モロプス**(*Moropus*) 2-2-12 と、新第三紀中新世から鮮新世前期のアジア、ヨーロッパ、アフリカに生息していた**カリコテリウム**(*Chalicotherium*) 2-2-13 だ。ともに肩高は1.8mほどで、後ろ脚よりも前脚の方が長い。『新版 絶滅哺乳類図鑑』によれば、二本脚で立ち上がることができた可能性もあるという。

モロプスは、一見するとウマ類に似ている印象があるが、前脚が長く、その先に3本の指があり、かぎづめをもっている。このかぎづめは長くて重い。歩行時には、手のひらをつくことで、かぎづめを地面に付けずに歩くことができたとみられている。アメリカ、カリフォルニア工科大学のドナルド・R・プロセロは、著書『After the Dinosaurs』で樹木にのしかかるように2本脚で立つモロプスのイラストを掲載し、長いかぎづめで枝を口まで引き寄せていたという見方を紹介している。

一方のカリコテリウムは、プロセロによれば「カリコテリウム類のなかでもっとも極端なメンバー」である。前脚がかなり長いため、もはやウマ類の印象とはかけ離れている。また、前足のかぎづめは、体の内側を向いていた。現生のチンパンジーやゴリラたちのように、軽く握ったこぶしを地面に着けて歩く、いわゆる「ナッ

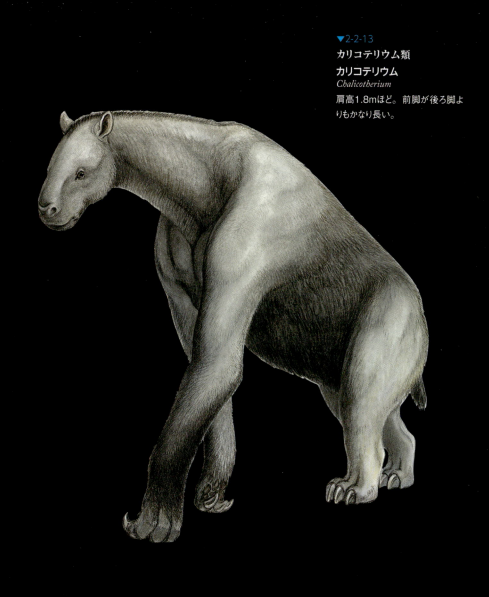

▼2-2-13
カリコテリウム類
カリコテリウム
Chalicotherium
肩高1.8mほど。前脚が後ろ脚よりもかなり長い。

クル・ウォーク」をしていたとみられている。
　こうした独特の姿ゆえに、イギリス、ブリストル大学のマイケル・J・ベントンは自著『VERTEBRATE PALAEONTOLOGY』のなかで、「ウマとゴリラの雑種に見える！」と「！」マークつきでカリコテリウムのことを紹介している。これは同書では珍しい表現で、ベン

▶2-2-14
滑距類
トアテリウム
Thoatherium
奇蹄類ウマ類によく似た姿の、南アメリカ特有の哺乳類。肩高約50cm。

トンの興奮が伝わってくる。カリコテリウムの歯は未発達で、かたいものを噛むことはできず、樹木の葉などやわらかいものを食料にしていたとみられている。

南アメリカの似て非なるものたち

南アメリカは、新第三紀の大半の期間を通じて、どの大陸ともつながりをもつことなく独立していた。したがって、ほかの大陸とは異なる動物グループが進化し、繁栄した。しかし、「異なる動物グループ」ではあっても、ほかの動物グループとよく似た生態的地位を占めることで、よく似た姿に進化した例は少なくない(これを「収斂進化」という)。

たとえば、新第三紀中新世の**トアテリウム**(*Thoatherium*)だ。2-2-14 肩高50cmほどの小型の哺乳類で、「滑距類」という南アメリカ独自の絶滅グループに分類される。その見た目は、小型である点をのぞけば、奇蹄類のウマ類にそっくりだ。ポイントは足の指の本数で、トアテリウムもまた現生ウマ類と同じように1本指なのである。

▲2-2-15
南蹄類
ホマロドテリウム
Homalodotherium
奇蹄類カリコテリウム類によく似た姿の、南アメリカ特有の哺乳類。頭胴長約2m。

滑距類のより原始的とみられるものには「3本指」の種も確認されており、ウマ類と同様に3本指から1本指へ、"より速く走ることへの特化"が進んでいたことが示唆されている（ウマ類については、上巻の第零部第2章参照）。しかも、『新版 絶滅哺乳類図鑑』によれば、その進化はウマ類より1000万年以上も先行していたという。

　ホマロドテリウム（*Homalodotherium*）も、新第三紀中新世に生息していた頭胴長2mほどの哺乳類である。南アメリカ独自の「南蹄類」という絶滅グループに属している。前脚が後ろ脚と比較して長く、前脚の4本指はかぎづめになっている……と書けば、そう、先ほど紹介したばかりのカリコテリウム類（奇蹄類）とそっくりだ。カリコテリウム類の姿は、現在の私たちからすれば変わり者に見える。しかし当時、その姿には一定の"需要"があったようで、こうして別のグループにも「そっくりさん」が生まれていた。

　ホマロドテリウムの属する南蹄類は、南アメリカにおける植物食哺乳類の"主力グループ"だった。そのなかには、新第三紀の鮮新世後期に出現し、第四紀更新世

▲▼2-2-16
南蹄類
トクソドン
Toxodon

奇蹄類サイ類に似た姿の、南アメリカ特有の哺乳類。頭胴長約2m。上は、徳島県立博物館所蔵の全身復元骨格。下は復元図。
(Photo：安友康博/オフィス ジオパレオント)

▲2-2-17
トクソドンの頭骨
イギリス、ロンドン自然史博物館が所蔵するトクソドンの頭骨。チャールズ・ダーウィンがビーグル号の航海で発見したもの。標本長約66cm。
(Photo：The Trustees of the Natural History Museum, London)

末、すなわち、比較的つい最近まで生きていたものもいた。そうした"最後の生き残り"であり、南蹄類最大級ともされるのが**トクソドン**（*Toxodon*）である。 2-2-16 頭胴長3mのこの動物は、ツノこそもたないものの、現生のサイ類（奇蹄類）とよく似ている（いささか脚は短いかもしれないが……）。重量級という点では、古第三紀のアフリカに生息していたアルシノイテリウム（*Arsinoitherium*）に代表される重脚類にも印象が近い（ただし、あちらは骨質のツノもちである。上巻の第1部第6章参照）。

　なお、トクソドンの化石は、チャールズ・ダーウィンが、『種の起原』を執筆するきっかけとなったビーグル号航海の折に発見したことで知られている。彼はこの航海でアルゼンチンに立ち寄り、小川の岸に分布していた第四紀更新世の地層からトクソドンの化石を掘り出したという。 2-2-17 そして、当時、世界を代表する古生物学者だったリチャード・オーウェンがその化石を研究し、記載・報告した。後年、進化論をめぐって対立する二人だが、このときはまだ友情で結ばれていたようだ。

　アストラポテリウム（*Astrapotherium*）も紹介しておきた

▶2-2-18
輝獣類
アストラポテリウム
Astrapotherium
のび続ける牙と短い吻部が特徴。
胴が長い一方で、四肢が短い。

い。 2-2-18 この哺乳類は、「輝獣類」という何ともカッコイイ名前の、南アメリカ独自の絶滅グループに属している。頭胴長は約2.7m。新第三紀の中新世前期から（資料によっては古第三紀の漸新世から）中新世中期にかけてのみ生息していた"短命"な動物だ。頭骨の形状から、鼻の形が現在のバクの仲間（奇蹄類）に似ていたと示唆されている。また、一生のび続ける牙をもっていた。その独特の容姿ゆえに、『新版 絶滅哺乳類図鑑』では

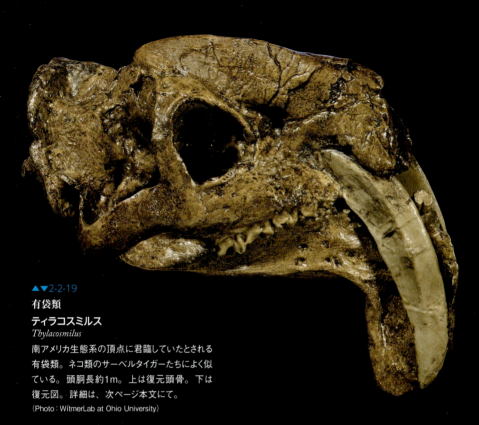

▲▼2-2-19
有袋類
ティラコスミルス
Thylacosmilus
南アメリカ生態系の頂点に君臨していたとされる有袋類。ネコ類のサーベルタイガーたちによく似ている。頭胴長約1m。上は復元頭骨。下は復元図。詳細は、次ページ本文にて。
(Photo：WitmerLab at Ohio University)

「特殊化が著しい」、『脊椎動物の進化』では「理解しがたい一連の適応形態を伴っていた」とされている。

こうした動物たちがつくる南アメリカの生態系の上位に君臨していたとみられているのが、「有袋類」である。いわゆる「カンガルーやコアラの仲間たち」で、腹の育児嚢で子を育てる哺乳類だ。骨盤や顎の骨、歯などの比較から有袋類と有胎盤類は化石でも区別できる。

新第三紀の後半、中新世中期から鮮新世後期にかけて生息していた**ティラコスミルス**(*Thylacosmilus*)は、南アメリカに生息していた肉食有袋類の代表格として知られる。 2-2-19 頭胴長約1m。平たくて長く、鋭い犬歯をもつその頭部は、上巻の第零部第1章で紹介したサーベル状の犬歯をもつネコ型類(食肉類)たちとそっくりだ。

もっとも、似ているのは形だけだったかもしれない。2013年、オーストラリア、ニューサウスウェールズ大学のステフェン・ローたちが、剣歯虎のスミロドン(*Smilodon*)、現生ネコ類のヒョウ(*Panthera pardus*)、そして、ティラコスミルスの頭部をコンピュータ上で再現して、顎の筋力を検証した論文を発表している。

その結果、ティラコスミルスの顎の力は極端に弱いことが示された。ローたちは、ティラコスミルスが獲物の息の根を止める際に、顎の筋肉は主要な役割を果たさなかった可能性がある、と結論している。この論文の共同執筆者の一人であるアメリカ、オハイオ大学のローレンス・ウィットマーは、ナショナルジオグラフィックのwebニュースの取材に対して、顎の力を使わずに犬歯を有効に使う方法として、首の筋肉を使って犬歯を振り下ろし、獲物に突き刺す、という戦略に言及している。茂みに潜み、獲物が近づいたら襲いかかって、その丈夫な前脚で押し倒す。そして、頭部を"振りかぶり"、犬歯を獲物の急所に突き立てる。そんなハンティングをしていたのかもしれない、というのである。

パナマ地峡の誕生

白亜紀後期以降ずっと独立した大陸だった南アメリカ

に、大きな変化が訪れたのは約300万年前（新第三紀鮮新世後期）のことだ。パナマ地峡が誕生し、北アメリカと陸続きになったのである。

南アメリカは、それまでほかの大陸と完全に交流がなかったわけではない。古第三紀漸新世には、齧歯類（ネズミの仲間。次項も参照）や霊長類（サルやヒトの仲間）が、どこから、どうやってかは謎ながら、南アメリカにやってきている。

それでも、パナマ地峡誕生の影響は圧倒的だった。これによって、北アメリカでそれまで進化を繰り広げてきた哺乳類たちが、怒濤のごとく南アメリカへの"侵攻"を開始したのだ。

その結果、前項で紹介した滑距類、南蹄類はともに急速に衰退し、姿を消していく。とくに南アメリカに生息する植物食動物として"一代の繁栄"を築いていた南蹄類の絶滅は、象徴的といえよう。

『脊椎動物の進化 原著第5版』では、滑距類と南蹄類の絶滅に関して、次の二つの要因を挙げている。

一つは、彼ら植物食動物は、北アメリカからやってきた優れた捕食動物によって直接の打撃を受けた、ということである。上巻の第零部第1章で紹介した剣歯類を含むネコ型類、イヌ型類が、パナマ地峡を渡って南アメリカへとやってきた。それまでも肉食有袋類や恐鳥類がいた世界に、新たな天敵が加わったのである。「このことが、本質的に南蹄類と滑距類の終息を早めた主因であった」という。

二つ目は、植物食同士の競合だ。北アメリカからやってきたウマ類をはじめとする植物食動物は、おそらく滑距類と南蹄類よりも"優秀"だった。結果、草原という限りある"領土"が奪われてしまったのだ。

直接的な脅威の増加と、優秀な競合相手の登場。この二つが、滑距類と南蹄類の絶滅を招いたというわけである。もっとも、南蹄類のなかでも、たとえばトクソドンのような大型種は北への"逆侵攻"を果たしている。ただし、彼らもさほど時を置かずに滅んでしまった。

打撃を被った南アメリカの動物は、滑距類と南蹄類だ

けではない。有袋類そのものは現在まで生き残るものの、南アメリカ生態系の頂点にいたとみられるティラコスミルスのような肉食グループは、その地位を北アメリカから襲来した有胎盤類に奪われて、姿を消していった。哺乳類以外では、前章で紹介した恐鳥類も衰退し、やがて絶滅している。

パナマ地峡誕生による動物たちのこうした動きは、英語で「The Great American Biotic Interchange」（略してGABI）とよばれている。「交流(interchange)」とよぶにはいささか一方的すぎる気もするが、300万年前にパナマ地峡が誕生し、GABIが起こり、南アメリカ哺乳類が絶滅する、というのは、よく知られている物語だ。

ただし最近になって、「300万年前にできた」とされるパナマ地峡の誕生時期について異論が出てきた。2015年、コロンビア、アンデス大学のC・モンテスたちが、当時の海流や気候について地質学的に検証した結果、新第三紀の中新世中期（約1500万〜1300万年前）に、パナマ地峡から南アメリカ北部へ「川の流れ」があったことが明らかになった。川があるということは、そこに陸がある。すなわち、そのとき地峡はすでにできていたか、少なくともできつつあったということだ。

しかし、このモンテスたちの研究は、300万年前にGABIが確認できるという化石記録とは大きくずれる。このことに対してモンテスたちは、GABIはパナマ地峡の形成ではなく、気候の変化と関連している可能性があるとしている。300万年前ごろは寒冷化が進んでおり、植物食動物たちにとって魅力的な草原がパナマ地峡周辺にも形成されていった。すなわち、パナマ地峡という"道"ができ、その先に"良い餌場の準備"が整ってはじめてGABIは起きた、というわけだ。

南北アメリカ哺乳類の進化史で、定番中の定番ともいえる物語であるものの、GABIについては今も盛んに議論が交わされている。今後も注目すべきテーマであるといえるだろう。

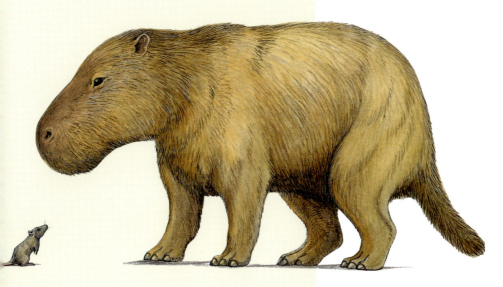

▲2-2-20

齧歯類
ジョセフォアルティガシア
Josephoartigasia
推定全長3m、体重1tという、とんでもない齧歯類。左下は、現生のネズミ。

ザ・巨大ネズミ

　パナマ地峡の誕生と時をほぼ同じくして、南アメリカのウルグアイに登場した齧歯類を紹介しておこう。**ジョセフォアルティガシア**(*Josephoartigasia*)だ。 2-2-20

　齧歯類とは、現生のネズミやリスの仲間である。パナマ地峡の形成前から何らかの形で南アメリカへの進出を始めていたグループの一つだ。そういう意味では、なぜジョセフォアルティガシアの登場が、パナマ地峡の成立と同時期だったのかは不明である。

　ジョセフォアルティガシアは、とてもインパクトのある齧歯類だ。とにかく「でかい」のである。現生の齧歯類といえば、いわゆる「手乗りサイズ」がほとんどで、「最大の齧歯類」といわれるカピバラ(*Hydrochoerus hydrochaeris*)でさえ全長1.4m弱、体重約66kgである。これに対して、ジョセフォアルティガシアは、復元される姿こそカピバラとよく似ているものの、推定全長約3m、体重約1tという、小さめの普通自動車並みの巨体のもち主

だった。まちがっても「手乗りサイズ」とは書けない。

イギリス、ヨーク大学のフィリップ・G・コックスたちは、コンピューター解析によってジョセフォアルティガシアの噛む力を推測した研究を2015年に発表している。それによれば、前歯で1400N、奥歯はその3倍に達したという。前歯の値だけでも、現生のトラと同程度の破壊力だ。

コックスたちは、ジョセフォアルティガシアは強力な前歯で土を掘ったり、ときには捕食者の攻撃に対抗していたと指摘している。その生態は、現生のゾウ類に近かったのかもしれない。ちなみに、「ジョセフォアルティガシア」（とても1度では覚えられそうにない）という学名は、ウルグアイの英雄の名にちなむそうだ。

"のり巻きを束ねた歯"をもつものたち

いわゆる「日本を代表する古生物」という種は、いくつか存在する。なかでも北海道および本州各地から化石が産出する「束柱類」は、グループまるごと「日本を

▼2-2-21
束柱類
デスモスチルス
Desmostylus
歯化石。標本長4cm。アメリカ、カリフォルニア州産。足寄動物化石博物館所蔵。復元図は、58ページに。
（Photo：安友康博/オフィス ジオパレオント）

代表する古生物」であり、「世界に誇る古生物」ともいえるだろう（ただし、アメリカの太平洋沿岸を代表する動物群群でもある）。

　束柱類は、文字通り「柱」を「束」にしたような臼歯をもつ動物群だ（種によって程度の差はある）。その歯の化石は、まるでのり巻き（干瓢巻きなど、お寿司屋さんやコンビニで見かけるアレである）を束ねたように見える。2-2-21 あるいは「臼歯」という文字通り、小さな「臼」といったイメージも合うかもしれない。

　束柱類は古第三紀漸新世に出現し、新第三紀中新世になっておおいに繁栄した、北半球の太平洋沿岸特有の海棲哺乳類である。しかし、中新世後期には絶滅してしまうという短命な動物グループである。化石は日本から多く産出するが、ロシアのサハリン、カムチャツカ、アメリカのアラスカ州やオレゴン州、カリフォルニア州などからも見つかっている。

　初見であれば、束柱類に対して「カバ?」という印象をもたれるかもしれない。実際、博物館で一般見学者が束柱類のことを「カバみたい」と口にしているのを、筆者は一度ならず耳にしたことがある。

　しかしよく見てみると、脚の付き方がカバ（*Hippopotamus amphibius*）と異なることに、まず気づくだろう。哺乳類を見慣れた人であれば、手足の大きさにも違和感を感じるかもしれない。そして口の中を見れば、独特な形の臼歯という、束柱類を束柱類たらしめる特徴に気づいていただけるはずだ。

　「日本を代表し、日本が世界に誇る古生物」の冠は伊達ではなく、日本各地の博物館でその全身復元骨格を見ることが可能だ。首都圏だけでも、本書監修の群馬県立自然史博物館をはじめ、東京の国立科学博物館、埼玉県立自然の博物館、茨城県の地質標本館などに束柱類の全身復元骨格が常設展示されている。ちなみに、本書で掲載している束柱類の全身復元骨格は、すべて北海道の足寄動物化石博物館の展示物だ。同館には、「圧巻」ともいえるほど多くの束柱類の全身復元標本が展示されている。

▼2-2-22

束柱類
アショロア
Ashoroa

原始的な束柱類。全長約1.8m。足寄動物化石博物館所蔵の全身復元骨格（上）と、その復元図（下）。
(Photo：安友康博/オフィス ジオパレオント)

▲▼2-2-23
束柱類
ベヘモトプス
Behemotops
全長約3m。足寄動物化石博物館所蔵の全身復元骨格(上)と、その復元図(下)。
(Photo：安友康博/オフィス ジオパレオント)

▲▼2-2-24
束柱類
パレオパラドキシア
Paleoparadoxia
全長3m。足寄動物化石博物館所蔵の
全身復元骨格（上）と、その復元図（下）。
（Photo：安友康博/オフィス ジオパレオント）

さて、束柱類には複数の属が報告されている。本書ではそのなかから、日本で発見されている5属を紹介しよう。まずは古第三紀漸新世の**アショロア**（*Ashoroa*）と**ベヘモトプス**（*Behemotops*）、新第三紀中新世の**パレオパラドキシア**（*Paleoparadoxia*）と**デスモスチルス**（*Desmostylus*）の4属である。

　アショロアは、これまでに知られている束柱類のなかでは最も古く、約2800万年前（古第三紀漸新世）の地層から化石が発見されている。2-2-22 のちのデスモスチルスとよく似た姿をしているが、臼歯はこぶが並んだような形で、まだ"束柱"になっていない。全長は1.8mほどだ。同じく漸新世に生きていたベヘモトプスは、全長3m近い体のもち主である。アショロアと同じように、まだ臼歯がのり巻きを束ねたような形になりきっていなかった。2-2-23

　新第三紀中新世になって登場するパレオパラドキシアの全長は約2〜3mであり、臼歯は"束になりかけた円柱"といった具合で、エナメル質の部分が薄いという特徴がある。2-2-24

　そして、同じく中新世になって登場するのがデスモスチルスである。「デスモスチルス」という属名自体が「束ねた円柱」という意味で、アショロアやパレオパラドキシアとはちがって束柱類らしい臼歯をもつ。そして、臼歯以外にも切歯の形状が大きく異なる。パレオパラドキシアの切歯は丸いが、デスモスチルスの切歯は扁平なのだ。また、頭部に着目すれば、デスモスチルスの方が面長である。全長は2.5mほど。束柱類の代表種であり、そして最も有名な存在といえるだろう。

　56~57ページには、サハリンが樺太だった時代に気屯（現在のスミルヌイフ）付近で発見されたデスモスチルスの3通りの復元骨格を並べた。それぞれ北海道大学の長尾巧が1936年に復元した骨格、京都大学の亀井節夫が1970年に復元した骨格、東京大学の犬塚則久が1997年に復元した骨格のレプリカで、同一の標本をもとに作られている。2-2-25、26、27 束柱類は、なにしろ子孫をまったく残さずに絶滅してしまったため、現生種に手が

▶ 2-2-25
デスモスチルス（長尾復元）
ウシなどをモデルとして復元されている。足寄動物化石博物館所蔵。
（Photo：安友康博/オフィス ジオパレオント）

▶ 2-2-26
デスモスチルス（亀井復元）
サイなどをモデルとして復元されている。足寄動物化石博物館所蔵。
（Photo：安友康博/オフィス ジオパレオント）

▲2-2-27
デスモスチルス（犬塚復元）
関節や筋肉を重視して復元されている。足寄動物化石博物館所蔵。
（Photo：安友康博/オフィス ジオパレオント）

かりを求めることができない。そのため、姿勢復元には研究者によってちがいがある。長尾復元はウシなどをモデルとし、亀井復元はサイなどをモデルとしていた。犬塚復元では、関節や筋肉などから推測されて組み立てられている。研究者の見解によって、前脚の接地の仕方や太腿の骨（大腿骨）のつき方、関節の仕方などがこれほど大きく変わる。それもまた、束柱類のおもしろいところといえる。

デスモスチルスは、泳ぎ上手？

　復元像さえ確定していない束柱類は、生態についてもよくわかっていない。それでも、その謎についていくつかのアプローチがなされているので紹介しよう。
　国立科学博物館の甲能直樹は、同館のwebサイト内にあるページ「私の研究」で、共同研究者とともに行ったデスモスチルスの生態研究を公開している。彼らが、

デスモスチルスの復元図

束柱類の歯をつくる酸素と炭素の安定同位体を分析したところ、鰭脚類（アザラシの仲間）やイルカなどに近かったという。つまり、沿岸で海藻か底棲無脊椎動物を食べていたことが示されたのである。また、束柱類の顎の動きにも注目し、下顎を筋肉で固定したまま舌を引っ込ませることで、海底の無脊椎動物を吸い込んで食べていた、と結論している。さらに甲能は『古生物学事典』第2版（日本古生物学会編、2010年刊行）で、束柱類の骨格には遊泳に適している点が多く見られることから、「岸辺での彷徨よりも海辺での回遊を主とした生活史をもっていたことが強く暗示される」としている。

大阪市立自然史博物館の林昭次たちは、束柱類の骨の組織に注目した研究を2013年に発表した。林たちは、まず現生動物62種の骨の断面を調べ、沿岸域に生息する動物は骨密度が高く、遠洋域に生息する動物の骨がスカスカであることを確認した。そのうえで、前項で挙げた4種の束柱類の化石の骨の断面も同じように調査した。その結果、アショロアとベヘモトプス、パレオパラドキシアの骨が密である一方、デスモスチルスの骨はスカスカであることが判明したのだ。2-2-28 このこ

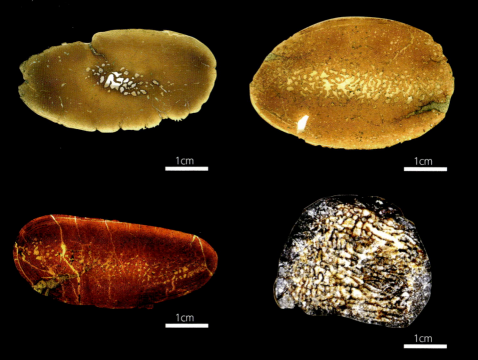

▲2-2-28
束柱類の骨の組織構造
パレオパラドキシアの肋骨（上段左）、ベヘモトプスの肋骨（上段右）アショロアの肋骨（下段左）、デスモスチルスの肋骨（下段右）の各断面。デスモスチルスの"スカスカ"具合がわかるだろう。
（Photo：Hayashi et al. 2013）

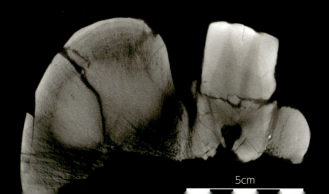

◀2-2-29
束柱類
ヴァンダーフーフィウス
Vanderhoofius
下顎のマイクロCTスキャン画像。画像右が顎の外側で、ひときわ白い部分は臼歯。内側（画像左側）に大きなこぶが発達していることがわかる。
（Photo：千葉謙太郎／北海道大学総合博物館）

とから、林たちはアショロア以下の3種は沿岸型、デスモスチルスは遠洋可能型であるとしている。

「遠洋型」ではなく、「遠洋可能型」であるというところがおもしろい。つまり、「遠くで泳いでいた」ではなく、「遠くまで泳ぐことができた」ということだ。林たちは、その根拠として、デスモスチルスの手の骨が鰭状になっていないことと、北海道阿寒町でパレオパラドキシアとデスモスチルスの化石が同じ地層から産出している点を挙げている。つまり、デスモスチルスはクジラなどのように完全な水棲適応をしておらず、その生息域は、沿岸型のパレオパラドキシアと重なるということになる。

この研究では、デスモスチルスの幼体の骨はより密（沿岸型）であり、成体の骨はよりスカスカ（遠洋可能型）であることも示された。これをそのまま解釈すれば、デスモスチルスは成長するにつれて沖合まで泳げるようになったということになる。

2015年に、カナダ、トロント大学の千葉謙太郎たちは、北海道幌加内町で発見されていた束柱類**ヴァンダーフーフィウス**（*Vanderhoofius*）の下顎の化石を分析し、成長の途中で下顎の内側に大きな骨のこぶが発達することを明らかにした。 2-2-29 つまり、頭部が成長にともなって重くなっていったのだ。

先の林たちの研究では、成長したデスモスチルスの体の骨はスカスカだったことが示されている。つまり、体は軽かったはずなのだ。ヴァンダーフーフィウスは、デスモスチルスと同様に進化型の束柱類で、やはり、同じように体は軽かったとみられている。

林たちの研究と千葉たちの研究を合わせると、進化型の束柱類の成体は、頭が重く、体が軽いという特徴をもっていたことになる。こうした特徴は、潜水することに有利に働いたとみられている。

鰭脚類、水圏に本格進出する

「鰭脚類」とは文字通り鰭の脚をもつ哺乳類で、水族館で人気者のアザラシの仲間、アシカの仲間、セイウ

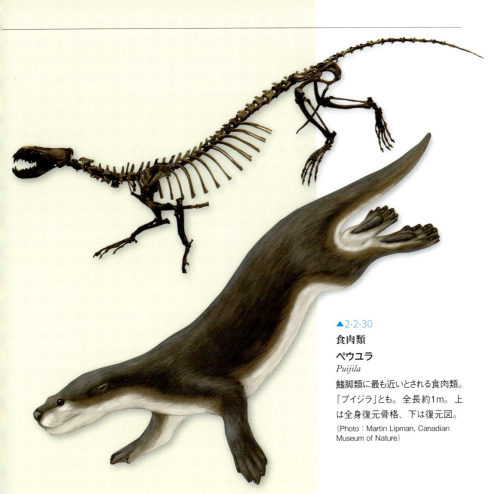

▲2-2-30
食肉類
ペウユラ
Puijila
鰭脚類に最も近いとされる食肉類。「プイジラ」とも。全長約1m。上は全身復元骨格、下は復元図。
(Photo：Martin Lipman, Canadian Museum of Nature)

チの仲間で構成されている。この現生3グループのうち、アシカの仲間とセイウチの仲間は近縁だ。

アザラシとアシカ・セイウチのちがいは、後ろ脚を見れば一目瞭然である。アシカ・セイウチの後ろ脚は、陸上動物と同じように指が前を向いている。これに対して、アザラシの後ろ脚は指が後ろを向き、甲が下を向く。このため、アシカ・セイウチは4本の脚で陸上歩行をすることができるが、アザラシが陸上を歩くときには体を引きずるしかない。3グループともに水生適応をしており、沿岸や氷上で暮らし、水中の獲物を狩る。分類上は、イヌ類やネコ類と同じ食肉類に属している。

ここから先は、本章で参考にしてきた各種資料に、

▶2-2-31
鰭脚類
エナリアルクトス
Enaliarctos
最古の鰭脚類。現生のアシカの仲間にそっくり。頭胴長約1.5m。

サン・ディエゴ州立大学のアナリサ・ベルタたちによる『MARINE MAMMALS』（2005年刊行）および『RETURN TO THE SEA』（2012年刊行）や研究論文を加え、そこに取材結果を交えて話を進めていく。

　鰭脚類の共通祖先に最も近いとされる食肉類の化石は、カナダ北部、デボン島の新第三紀中新世の前期の地層から発見されている。**ペウユラ**（*Puijila*）と名づけられた、全長約1mの動物だ（なお、本種は「プイジラ」と表記される場合も多い）。 2-2-30 四肢には水かきがあったとみられるものの、まだ鰭脚ではなく、姿かたちは現生のカワウソの仲間に近い。「鰭脚類に近い食肉類」というペウユラの"立ち位置"は、クジラ類でいえば、インドヒウス（*Indohyus*）に近いといえるかもしれない（上巻の第1部第7章参照）。

　「最古の鰭脚類」は、アメリカのカリフォルニア州やオレゴン州に分布する古第三紀漸新世後期〜新第三紀中新世前期の地層から化石が発見されている**エナリアルクトス**（*Enaliarctos*）である。 2-2-31 共通祖先に近いペウユ

◀ 2-2-32
アザラシ類
アクロフォカ
Acrophoca
吻部を含めた体全体が流線型のアザラシ類。頭胴長約1.5〜2mと、現生のゼニガタアザラシ(*Phoca vitulina*)とほぼ同じである。上段は、群馬県立自然史博物館所蔵の頭骨(と頸椎の一部)。左が吻部に当たる。スマートな顔つきがよくわかる標本だ。標本長約40cm。下段は復元図。
(Photo：群馬県立自然史博物館)

ラよりもやや古い時代に現れたことになるが、これは化石記録の不完全性という古生物学では"よくある事態"だ。つまり、鰭脚類はエナリアルクトスの登場より前に「ペウユラのような食肉類」から進化を遂げた、ということである。

エナリアルクトスは、四肢が鰭脚状になっており、見た目は現生のアシカの仲間にそっくりだ(というより、エナリアルクトスのような"祖先種"から、ほとんど姿が変わらないまま現在にまでたどり着いた動物が、アシカの仲間である)。前の鰭脚は親指から小指に向かって指が短くなり、後ろの鰭脚では親指と小指が長く、中指が短くなっている。これは、すべての鰭脚類に共通する特徴である。

その後、鰭脚類は新第三紀中新世の間に多様性を増し、すぐにアシカの仲間もセイウチの仲間もアザラシの仲間も出そろった。いずれも、現生種とほぼ変わりない姿をしているものばかりだが、セイウチの仲間に関しては、現生種の系統以外は巨大な牙を発達させることはなかった。

そんな鰭脚類のなかで、本書でぜひとも紹介しておきたい種がいくつかある。

その一つが、ペルーから化石が発見されている**アクロフォカ**（*Acrophoca*）だ。 2-2-32 全長約1.5〜2mのこの鰭脚類は、アザラシの仲間に分類される。現生のアザラシの仲間の多くは、寸詰まりで愛嬌のある吻部が特徴的だが、アクロフォカの場合は鋭く突出している。首も細長く、胴体も細く、全体として流線型だ。明らかに水中を泳ぎ回ることに適した体である。

アメリカのカリフォルニア州から発見された**ゴンフォタリア**（*Gomphotaria*）は、セイウチの仲間に分類され、顔つきもセイウチに近い。 2-2-33 ただし、セイウチとは決定的に異なる点が

▼2-2-33
セイウチ類
ゴンフォタリア
Gomphotaria
上下の顎に鋭く太く長い牙がある。映画『プレデター』シリーズの異星人を彷彿とさせる。頭部の大きさが約47cm。

ある。下顎からも太くて長い牙がしっかりと生えているのである。つまり、"上顎だけでなく下顎にも牙のあるセイウチ"なのだ。全身を復元するだけの情報はないが、その頭部は約47cmの大きさがあった。

　忘れてはならないのが**アロデスムス**（*Allodesmus*）だ。2-2-34　アロデスムスは、デスマトフォカの仲間（デスマトフォカ科）という"第4の鰭脚類グループ"に分類される。アザラシの仲間に近縁とされる絶滅グループだ。全長2.2mほどで、細く華奢ながらも長い前脚が特徴的である。化石はカリフォルニア州のほかに、日本の長野県や栃木県、群馬県などからも発見されている。

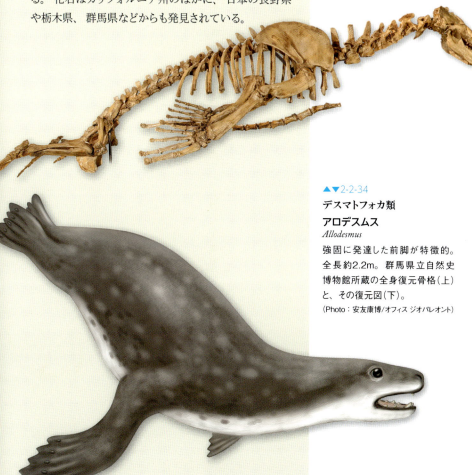

▲▼2-2-34
デスマトフォカ類
アロデスムス
Allodesmus
強固に発達した前脚が特徴的。全長約2.2m。群馬県立自然史博物館所蔵の全身復元骨格（上）と、その復元図（下）。
(Photo：安友康博/オフィス ジオパレオント)

3 孤高の大陸の哺乳類

有袋類の大陸

「リバースレー化石の発見を報じた地元紙は『歴史が書き換えられた』と報じたが、この決まり文句は、今回に限って、けっして誇張ではない」。ロンドン自然史博物館のリチャード・フォーティは、著書『生命40億年全史』（2003年刊行）のなかでそう綴る。フォーティによれば、リバースレーの化石が物語るのは、有袋類の全盛時代の姿である。

「リバースレー」とは、オーストラリア北部の荒野にある牧場の名だ。カーペンタリア湾から、200kmほど内陸へ進んだあたりに位置する。現在のリバースレー付近は、1本だけ流れている川の周りにユーカリなどの林があり、ほかは荒野となっている。そんな地域から産出する化石やその関連情報については、オーストラリア、ニューサウスウェールズ大学のマイケル・アーチャーたちが著した『AUSTRALIA'S LOST WORLD』（2000年刊行）に詳しい。本章では、同書をおもな参考資料として文を進めていく。

リバースレーの荒野から最初に化石が報告されたのは、1900年のことだった。しかし、その化石の価値が年代面において正しく評価されなかったこと（当初は、第四紀のものであると考えられていた）と、何より都市部からのアクセスが困難なことがわざわいし、長い間、本格的な研究が進んでこなかった。

リバースレーの化石に注目が集まるのは、その化石の年代が新第三紀中新世の中期のものとわかり、1970年代に研究者たちによる本格的な発掘が進められるようになってからだ。この発掘によって、次々と新種の動物化石が発見された。とくに、この地の有袋類の多様性は、世界を驚かせることになった。オーストラリア博

物館のホームページによれば、今日までにリバースレーで250をこえる発掘サイトが設けられ、数千もの良質な標本と数百もの新種が報告されているという。
　そもそもオーストラリアは、中生代三畳紀のころ、ほかの大陸とともに超大陸パンゲアの一部だった。パンゲアが分裂した後も、アフリカやインド、南極大陸などとともにゴンドワナ超大陸を形成していたが、白亜紀前期にはアフリカやインドとは分裂し、新生代に入ると南極大陸にも別れを告げた。南極大陸以外の大陸とは1億年以上も交流が断たれており、南極大陸とは3000万年以上も行き来がない。それゆえに、オーストラリアでは独自の進化の物語が紡がれてきた。その結果、アカカンガルー（*Macropus rufus*）をはじめとするカンガルーの仲間やコアラ（*Phascolarctos cinereus*）たちが暮らす今日のオーストラリアが築かれたのである。
　『AUSTRALIA'S LOST WORLD』では、リバースレーの重要性を「Ten Good Reason」として10項目に分けて説明している。ここでは、そのなかから上位3つに挙げられた項目を紹介しておきたい。
　一番の重要性は、その時間的多様性だ。リバースレーには250をこえる発掘サイトがあり、サイトごとに地層の時代が少しずつ異なるという特徴がある。古第三紀漸新世〜第四紀完新世と、じつに6つの「世」の環境が記録されているのだ。同一地域でこれほど多くの時代を追うことができる例は、世界を見渡してもけっして多くない。
　二つ目は、豊富な化石記録だ。数千をこえるリバースレー産の化石記録を時代順に追うことで、古い動物相が新しい動物相へどのように変化していったのか、その進化史をたどることができる。
　三つ目は、リバースレーの位置だ。カーペンタリア湾まで200kmというと、日本でいえば東京のお台場から新潟県までの距離に相当するので、なかなか遠いイメージになるかもしれない。しかし、大陸であるオーストラリアでみれば、"北端にほど近い位置"である。カーペンタリア湾の東には、ヨーク岬半島が800kmにわたって

北にのび、その先にはニューギニア島がある。ニューギニア島から北北西へ連なる東南アジアの島々を渡れば、その先はユーラシア大陸だ。こうした島々の多くは古第三紀には形成されつつあり、そこを渡って、たとえばコウモリの仲間などがオーストラリアにやってきたとみられている。オーストラリアの"玄関口"に近いリバースレーの化石を、時間を追って調べていけば、こうした"移住者"がいつこの大陸へやってきたのかを知ることができるわけだ。

"緑の大聖堂"の心臓部

リバースレーの250超の発掘サイトのなかから、本章ではとくに新第三紀の二つのサイトの動物群を紹介したい。まずは、中新世前期、今から約2000万年前の「アッパーサイト動物群」である。『AUSTRALIA'S LOST WORLD』では、「緑の大聖堂の心臓部」というキャッチがつけられている。かつて熱帯雨林が広がる低地だったとみられており、ここから発見されている哺乳類化石は60種をこえ、リバースレーの各サイトのなかでも有数の発見数を誇っている。なお「アッパーサイト（The Upper Site）」という名称は、現在のこの地が丘の斜面に位置していることによる。

▼2-3-1
有袋類
プリスシレオ
Priscileo
姿、大きさ、ともにネコとよく似た有袋類。新生代第四紀更新世末に絶滅した、フクロライオンの仲間。

代表種を紹介していこう。まずは、肉食性有袋類のフクロライオンの仲間から、**プリスシレオ**(*Priscileo*)だ。2-3-1 大きさは現生のネコぐらいで、見た目もネコとよく似ている。ただし、ネコの牙が犬歯であるのに対して、プリスシレオをはじめとするフクロライオンの仲間の"牙"は切歯、つまり前歯が発達したものだった。プリスシレオは、フクロライオンの仲間では最も古い時代の地層から発見されており、リバースレーにおいては古第三紀の漸新世後期のサイトからも化石が報告されている。

　ネコに似た有袋類がいれば、イヌに似た有袋類もいた。フクロオオカミの仲間で、**ニンバキヌス**(*Nimbacinus*)という学名がつけられている。2-3-2 『AUSTRALIA'S LOST WORLD』ではサイズについて言及されていないものの、オーストラリア博物館のホームページによれば、頭胴長50cmほどとされている。現在の小型〜中型犬程度の大きさだ。「牙となる歯」は、イヌと同じ犬歯である。ニンバキヌスは、イヌやキツネには見えるが、一見して「カンガルーと同じ有袋類だ」というのは、なかなか判別しづらいだろう。

　そのカンガルーの仲間の化石も、アッパーサイトから発見されている。**エカルタデタ**(*Ekaltadeta*)がそれだ。2-3-3 身長1.5m。現生のアカカンガルーと同等か、少し

▼2-3-2
有袋類
ニンバキヌス
Nimbacinus
頭胴長約50cm。イヌやキツネとよく似た有袋類。1936年に絶滅した、フクロオオカミの仲間。

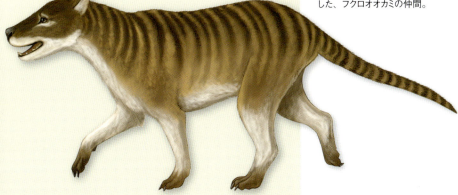

大きいくらいのサイズである。現生のカンガルーの仲間の多くは、草や木の葉を食べる植物食性だが、エカルタデタはプリスシレオやニンバキヌスと同じく肉食性だった。ちなみに、アカカンガルーのような"スマートな姿"ではなく、がっしりとした体つきである。

　植物食動物も、また有袋類だった。当時、おおいに繁栄していたのが**ネオヘロス**（*Neohelos*）だ。2-3-4『AUSTRALIA'S LOST WORLD』では、現在のウシのような生態をしていたと記載されている。しかし、見た目はウシとはほど遠い。がっしりとした骨格をもち、その雰囲気は、有胎盤類でいえばクマに近い印象を受ける。全長の具体的なデータは確認できなかったが、『AUSTRALIA'S LOST WORLD』の復元図を見る限りは、頭胴長1.3mほどだろうか。なお、ネオヘロスの仲間は「ディプロトドン類」とよばれ、オーストラリアで繁栄した植物食性有袋類のなかでは大型種が集まるグループである。

　有袋類といえば、現生のコアラに近縁な絶滅属として、**リトコアラ**（*Litokoala*）が複数種、報告されている。現生のコアラとよく似た姿をしているが、2013年に報告された**リトコアラ・ディックスミシ**（*Litokoala dicksmithi*）は、現生種よりも小柄で少々眼窩が大きかった。2-3-5 オーストラリア、ニューサウスウェールズ大学のカレン・H・ブラックたちは、ディックスミシが夜行性で、現生のコアラより活発に動いていた可能性を指摘している。

　現生種と同じ属に分類される有袋類の化石も発見されている。**ヒプシプリムノドン・バルソロマイイ**（*Hypsiprymnodon bar-*

▼2-3-3
有袋類
エカルタデタ
Ekaltadeta
身長約1.5mのカンガルー。多くの現生カンガルーとは異なり、肉食性。

▼▲2-3-4
有袋類
ネオヘロス
Neohelos

頭胴長約1.3mのがっしりとした姿の有袋類。「ディプロトドン類」に属する。上は頭骨化石(右が前)。標本長約25cm。下は復元図。
(Photo:Jon Augier / Museum Victoria 2010)

▲▶ 2-3-5
有袋類
リトコアラ
Litokoala

リバースレーから確認できるコアラ。上段の頭骨標本は、大きな方が現生種（*Phascolarctos cinereus*）で小さな方がリトコアラ・ディックスミシ（*Litokoala dicksmithi*）。リトコアラの標本長は約7.5cm。下は復元図。
（Photo：Karen H. Black）

◀ 2-3-6
有袋類
ヒプシプリムノドン・バルソロマイイ
Hypsiprymnodon bartholomaii

現生のニオイネズミカンガルーと同属別種の有袋類。ネズミほどの姿と大きさである。

tholomaii）である。2・3・6 「ヒプシプリムノドン」は、「ニオイネズミカンガルー」とよばれる現生種の属名で、アッパーサイトで発見されているヒプシプリムノドン・バルソロマイイはその同属別種である。現生のニオイネズミカンガルーは、名前が示唆するとおり、ネズミに似た姿で、繁殖期には麝香（じゃこう）のにおいを出す。また、果実や種、昆虫などを食べる。ヒプシプリムノドン・バルソロマイイは、そんな現生種の祖先に当たると考えられている。外見は現生種とそっくりで、こちらもちがいを見分けることは難しい。

　このように、捕食者から被捕食者、大型種から小型種まで、有袋類がその存在感を発揮しているのがオーストラリアという大陸の特徴である。

コウモリたちのペントハウス

　新第三紀の発掘サイトとしてもう一つ、「ラッカムのねぐら動物群」を紹介しておこう。『AUSTRALIA'S LOST WORLD』では、「素晴らしい眺望をもつ、コウモリたちのペントハウス」とのキャッチがつけられている。このキャッチが示唆するように、かつての河畔に面した断崖の洞窟だったとみられる発掘サイトで、地層の年代は新第三紀鮮新世（約500万年前）とされている。そして、キャッチが示すように、この産地からは膨大な量のコウモリの化石が発見されている。

　そのなかから、**マクロデルマ・ギガス**（*Macroderma gigas*）を紹介しよう。2・3・7 「ゴースト・バット」の俗称をもつこのコウモリは、現在もオーストラリアに生息する固有種であり、オーストラリア最大の翼手類として知られている。翼開長60cm、頭胴長13cmとなかなかの大型だ。『AUSTRALIA'S LOST WORLD』では、マクロデルマ・ギガスのことを、この洞窟の「支配者」であると紹介しており、獰猛な肉食性だったとしている。

　ラッカムのねぐらでは、ほかにも「ヘラコウモリ（leaf-nosed bat）」といわれる翼手類ブラキッポシデロス（*Brachipposideros*）、「サシオコウモリ（sheath-tailed bat）」の仲

▲2-3-7
翼手類
マクロデルマ・ギガス
Macroderma gigas
現生の大型のコウモリと同種。「有袋類の王国」であるオーストラリアに、いつ、コウモリたちが渡ってきたのか。その謎を解く鍵はリバースレーにあるとされる。

間であるタフォゾウス（*Taphozous*）などの多種多様な翼手類の化石が発見されている。こうした翼手類は、ヘビ、さまざまな無脊椎動物、あるいは小型の哺乳類などを獲物にしていたとみられている。

洞窟の入口には、コウモリよりもっと大きな哺乳類の化石も見つかることがあるという。そうした哺乳類のなかにはカンガルーの仲間も含まれており、彼らがこの洞窟をすみかとしていた可能性が示唆されている。『AUSTRALIA'S LOST WORLD』では、「まだ、その痕跡は発見できていないが」と前置きをしたうえで、この洞窟の周辺に、フクロライオンや大型のディプロトドン類が生息していた可能性に言及している。

面白いのは、ワニの化石がこのサイトから発見されていることだ。現在の最寄りの河川は、このサイトから30mほど断崖を下ったところにある。このことを説明するために、『AUSTRALIA'S LOST WORLD』では次の三つの仮説を立てている。

一つは、当時の河川の水位は今よりもずっと高かったという説、二つ目はワニが自力で30mの勾配を登ってきたとする説、三つ目はまだ未確認のフクロライオンなどが河畔でワニを狩り、運んできたという説である。『AUSTRALIA'S LOST WORLD』では、この三つ目の説を「最も可能性がありそうだ」としている。ワニのサイズにこそ言及されていないが、30mもの高さを運ぶなんて、なんともまあ「頑張った話」である。

第3部　第四紀

QUATERNARY
PERIOD

第3部　第四紀

1 そして「氷の時代」へ

第四紀という時代

　さあ、いよいよ第四紀だ。地質時代の「最も新しい紀」であり、このシリーズで紹介する「最後の紀」でもある。
　第四紀は、約259万年前から現在までを指す。
　259万年間！　これは、すべての地質時代のなかでダントツに短い。これまでに紹介してきた「紀」のなかで最も長かった白亜紀と比べると、第四紀はわずか3.3%しかない。第四紀の次に短い新第三紀と比較しても、たったの13%である。
　そんな第四紀は、二つの地質時代に分かれている。約259万～1万年前の「更新世」と、約1万年前～現在までの「完新世」だ。
　短い時代ではあるが、けっして"薄い時代"ではない。最近のことであるだけに、情報はきわめて豊富かつ濃密だ。日本の学会事情を見ても、日本地質学会や日本古生物学会とは別に、第四紀研究を専門とする「日本第四紀学会」が組織されているくらいだ。少なくとも日本では、このような特定の地質時代をメインターゲットとした学会は、ほかにない。日本第四紀学会のwebサイトによれば、会員の専門分野は、地質学が40%、地理学が28%、考古学が12%、古生物学が7%であり、以下、植物学、土壌学、地球化学、工学、人類学、動物学と続く。研究者の専門分野の多様性が、第四紀という時代の"濃さ"の一面を物語っているといえるだろう。
　第四紀は「氷河時代」だ。高緯度地域に大規模な氷床が発達し、地球が一気に冷え込んだ。現在は、「氷河時代」のなかの、比較的暖かい「間氷期」という時代に当たる。地球温暖化が当たり前のように叫ばれる昨今であるが、地球の歴史からみれば、我々の生きる第

第四紀（最終氷期）の大陸配置図

大陸配置そのものは、現在とほぼ同じだ。この地図は最終氷期の最寒期を描いたもので、白色の領域は各地に広がった氷河である。氷河が広がると同時に海水準は低くなり、結果として、さまざまな場所が陸続きとなっていた。図中の国名や地域名は、第3部に登場する主要な化石産地。なお、この地図では上が北である。

四紀は"涼しい時代"なのである。また、第四紀は「人類活動の時代」でもある。新第三紀中新世の南アフリカに出現したヒトは、やがて文明を築き上げ、地球環境にさまざまな影響を与えるまでに"発展"した。そして、現在の我々に至るというわけである。

第四紀が始まったころの大陸配置は、現在とほぼ変わりはない。しかし、氷河時代の比較的寒い時期であった「氷期」においては、水分を大陸上の氷河に"もっていかれた"ために海水準が低下し、各地に「陸橋」が生まれた。その代表的なものがシベリアとアラスカを結ぶ「ベーリング陸橋」である。たとえば次章で紹介するマンモスや、エピローグで紹介する我々現生人類は、この陸橋を通ってアジアから北アメリカへ渡った。

消滅？　復活！　そして、長くなった

「第四紀」は、じつは"消えかけた"ことがある。

いうまでもないが、もしも地質時代の名称や年代区分を、研究者や組織ごとに気ままに使えば、研究結果を国際比較しようというときに問題が出てくる。そこで、地質時代名やその境界となる年代値については、国際地質科学連合の国際層序委員会が作成した国際年代層序表（International Chronostratigraphic Chart）を参考にすることが多い。

研究の進展によって時代名が追加されたり、年代値が更新されたりするのはよくあることなので、この表も頻繁に更新されている。ちなみに、本シリーズでは、第1巻の『エディアカラ紀・カンブリア紀の生物』の刊行時点で最新だった2012年版を基本として、シリーズ中の年代値を統一している。そうしなければ、巻ごとに年代値がズレてしまうためだ。実際には、第1巻から本書（第10巻）を刊行するまでの数年の間に、何枚もの新たな国際年代層序表が発表されている。

　さて、本題に入ろう。

　それは2004年のこと。学界関係者たちの間に衝撃が走った。この年に発表された国際年代層序表では、新生代が古第三紀と新第三紀に二分されていた。「第四紀（Quaternary）」が消えていたのだ。正確にいえば、第四紀は新第三紀に取り込まれ、「紀」ではなく「亜紀」という、なんとも中途半端な位置づけにされていたのである。

　理由はいくつもある。

　そもそも第四紀は「特別な時代」だった。もともと1985年に発表された定義では、第四紀の始まりを約181万年前としていたが、これは「人類の出現した時期」を起点にしていた。この「第四紀＝人類の時代」という定義は、発表後広く受け入れられた。1996年に刊行された『地学事典』には、第四紀の別名として「人類紀」という言葉が載ったくらいである。

　しかし研究が進展し、人類の登場は約700万年前まで遡ることがわかった。新第三紀の中新世後期である。つまり、人類の出現によって区分すると、新第三紀の中新世の一部と鮮新世が第四紀に取り込まれてしまうのだ。また、そもそも「地質時代の紀としては短すぎる」という指摘もあった。このような経緯から、「第四紀」の名称は一度消えることになった。

　しかし、前項で述べた通り、第四紀は専門の研究者が多い時代である。したがって、2004年発表の国際年代層序表に対しては、大きな反発が起きた。世界中の研究者たちからなる国際第四紀学連合などから反対意

見が提出され、その後も長い議論が展開されることになった。その結果、2007年には「informal（非公式）」の注釈付きで、国際年代層序表に第四紀が"復活"し、2009年には公式に第四紀の文字が戻ってきた。

ただし、その始まりは当初定義されていた約181万年前ではなく、約259万年前とされた。もはや人類の登場によって定義づけることは不可能だったので、代わりに「北半球の高緯度に大規模な大陸氷床が発達して、顕著な寒冷化が始まり、氷期・間氷期の繰り返しが始まった時期」を第四紀の起点としたのである。前項で、第四紀を「人類の時代」ではなく、「人類活動の時代」としたのは、このような経緯からである。

これから紹介する古生物たちが生きていたのは、すでに人類が生活していた世界だった。このことを念頭に置いておくといいかもしれない。

繰り返される氷期・間氷期

第四紀が「氷河時代」といわれるほどに冷え込み、氷河が発達した理由については、いくつかの見方があるようだ。2010年刊行の『古生物学事典』の第2版では、新第三紀末のパナマ地峡の誕生に言及している。赤道上の海を回る暖流が、北アメリカと南アメリカの間に誕生したパナマ地峡に衝突して、北方へと向きを変えることになった。こうして誕生したメキシコ湾流により、大量の水蒸気が北半球の高緯度地域にもたらされ、大陸氷床（大陸を覆うような巨大な氷河）の"材料"が用意されたのである。

北極圏に端を発した大陸氷床によって、かつては北半球の大陸の30％が氷に覆われた時期もあった。厚い氷は大陸の地形を押しつぶし、その際に生じた岩塊は氷河によって遠くまで押し流される。このとき運ばれた巨石は、氷がとけてなくなったのちも、その場に残る。たとえば、アメリカ、ニューヨークのセントラルパークには、約2万5000年前（更新世）の氷河によって運ばれてきた巨石が残されている。こうした巨石は「迷子石」

▲ 3-1-1
迷子石
アメリカ、ニューヨークのセントラルパークにある巨大な岩。氷河によって運ばれてきたもので、氷河が消えたのちに取り残された。
(Photo : Alisonh29 / Dreamstime.com)

とよばれる。3-1-1

　……とはいえ、大規模な氷河が発達するような"冷え込んだ時代"は、長続きはしなかった。寒冷化がゆるみ、氷河が北極圏に後退する時期がしばしば到来した。こうした変化のうち、冷え込んだ時期を「氷期」、寒冷化がゆるんだ時期を「間氷期」とよび、第四紀はこの氷期と間氷期のサイクルがあることにより特徴づけられる。
　なぜ、このようなサイクルが生じるのだろうか？
　それには、地球の大陸配置や植生というものよりも、もっとスケールの大きな変化が関わっているとみなされている。天体としての地球の運動だ。
　地球が太陽を回る公転軌道が、木星や土星の引力によってわずかにずれたり、地球の地軸の傾きがわずかに変化したりすることで、太陽との距離が周期的に変化し、それによって日射量は変化する。この変化が氷期と間氷期のサイクルを生むというのである。こうした天文学的な要素の複合的要因によるサイクルを「ミランコビッチサイクル」とよぶ。このネーミングは、1940年代にユーゴスラビア（現セルビア）の天文学者、ミルティン・ミランコビッチが提唱したことに由来する。ミランコビッチサイクルそのものは、地球科学の世界ではかなり知られたもので、関係書では必ずといっていいほど触れ

られている。興味があれば、地学関連書籍を手に取るといいだろう。

　こうして何度か繰り返された氷期・間氷期のなかで、最後の氷期のことを「最終氷期」という。約11万6000年前に始まり、約1万1700万年前まで続いた。これは、第四紀を二つに分ける時代の古い方、更新世の最末期に当たる。いい換えれば、新しい方の時代である完新世は、最終氷期の終了とともに始まったことになる。

　最終氷期の最盛期には、世界の海水準は現在よりも70m低下し、氷床の厚さは、最大で3000mに達したとみられている。

大阪にいたワニ

　氷期・間氷期が繰り返されるなかでも、現在とほぼ同じか、あるいはそれ以上に暖かい時代もあったかもしれない。大阪にある約40万年前（あるいはそれよりも前）、更新世中期に当たる地層から、熱帯・亜熱帯動物の代名詞ともいえるワニの化石が発見されているのだ。その学名を**トヨタマフィメイア・マチカネンシス**（*Toyotamaphimeia machikanensis*）という。3-1-2 『古事記』に登場するワニの化身の「豊玉姫」と、発見地である大

▼3-1-2
クロコダイル類
マチカネワニ
Toyotamaphimeia machikanensis
全長7.7mという大型のワニ。大阪大学総合学術博物館所蔵の全身復元骨格である。同館の待兼山修学館で、ちょっと驚きの位置に展示されている。ぜひ訪問されて、ご確認いただきたい。
（Photo：大阪大学総合学術博物館）

阪府豊中市の「待兼山」に由来する学名だ。これまでに発見されている標本は1個体分のみで、大阪大学が所蔵する。「MOUF0001」と標本番号がつけられたその化石は、とくに「マチカネワニ」の名で知られている。

大阪在住の方ならば、「待兼山」という場所からピンと来たかもしれない。この産地は、大阪大学理学部構内を指している。発見は1964年。尾の大部分と下顎の一部は欠けていたものの、それ以外はほとんど完璧に残っていた。日本産の脊椎動物としては珍しく、高い保存率をもつ骨格化石である。

1965年に発表された最初の論文では、マレーガビアル(*Tomistoma*)属の新種であると位置づけられ、「トミストマ・マチカネンセ(*Tomistoma machikanense*)」と命名された。「マチカネワニ」という和名も、このときにつけられた。ちなみに、「ガビアル」というワニの仲間は吻部が細長いことが特徴であるが、マレーガビアルはガビアル科ではなくクロコダイル科である。そのため、マレーガビアルは、「ガビアルモドキ」ともよばれている。

その後の研究で、マチカネワニはマレーガビアルに近縁であっても別属であるということがわかり、1983年にワニ研究家の青木良輔によって新属が提唱され、改めて現在の学名に変更された。そして、2006年には複数の研究者からなる共同研究チームによって、詳細な研究結果が報告された。ここでは、その研究をまとめた『マチカネワニ化石』(北海道大学総合博物館の小林快次と、大阪大学総合学術博物館の江口太郎の共著。2010年刊行)などを参考に、マチカネワニに関する情報をひもといていくとしよう。

マチカネワニは、頭骨だけでも1mはあるという大型のワニで、大阪大学総合学術博物館の公式ページでは、全長6.9〜7.7m、体重1.3tという数値が紹介されている。近縁とされるマレーガビアル(*Tomistoma schlegelii*)の大きさが全長4mだから、その1.7〜1.9倍になる。現生ワニ類のなかで「超大型種」とされるイリエワニ(*Crocodylus porosus*)でも、全長7mほど。マチカネワニはイリエワニと同等か、それ以上の巨体だったのだ。

◀3-1-3
マチカネワニの頭骨
下顎の先端が3分の1ほど欠けているものの、割れたままのトゲトゲした断面ではない。これは、治癒が進んでいたことを示している。
（Photo：大阪大学総合学術博物館）

◀3-1-4
マチカネワニの鱗板骨
円形の穴は、円錐形の物体が刺さったことによってあいたものと考えられている。「円錐形」という形は、マチカネワニの歯の形と一致する。
（Photo：大阪大学総合学術博物館）

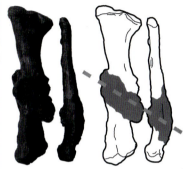

▲3-1-5
マチカネワニの右後ろ脚
脛骨（標本・左）と腓骨（標本・右）。骨の形が直線的ではないことがわかる。骨折し、その後の治癒によって膨らんだ結果である。
（Photo：大阪大学総合学術博物館）

　本項の冒頭で、第四紀にも「現在とほぼ同じか、あるいはそれ以上に暖かい時代もあったかもしれない」と書いた。現生のマレーガビアルは、マレー半島や東南アジアの島々、つまり熱帯・亜熱帯に生息している。近縁のマチカネワニも同じような生態だったと仮定すれば、当時の日本はとても暖かかったことになる。ただし、マチカネワニの場合、産出した地層にともに含まれていたほかの化石からは、当時の大阪が「涼しい温帯型の気候」であったことが示唆されている。そのため、『マチカネワニ化石』では、マチカネワニが寒さに強かった可能性も指摘されている。
　マチカネワニの標本には、3か所に大きな「怪我」が確認されている。下顎は3分の1ほど先端が欠けており、右後ろ脚の脛骨と腓骨は骨折していた。そして、背中

の鱗板骨には、ほかの動物の歯形とおぼしき円形の穴があいていた。3-1-3、4、5

　下顎と脛骨・腓骨には、治癒痕も確認された。もちろん死後の傷であれば治癒することはない。つまり、下顎の3分の1を失うほどの大けがを負っても、このマチカネワニは生き続けられた、ということになる。そのようなことが、果たして自然界であり得るのか、と思う方もいるかもしれない。しかし、『マチカネワニ化石』では、そもそもワニ類はさほど代謝が高くない（つまり、さほど多量の餌を必要としない）ことに加え、現生種にもそうした怪我を負っても生き続ける例があることを紹介している。

　しかし、全長7m前後の巨体に対して、これほどの傷を負わせることができた相手とは"誰"なのか。これは、鱗板骨の歯形の形から、同じワニの仲間が想定されている。

ちょっと(だけ)、変わった二枚貝

　この章を終えると、次章からはかつてないほどに「哺乳類ばかりの物語」を紡いでいくことになるだろう。その前に、2種類の無脊椎動物（二枚貝）の化石を紹介しておきたい。

　一つは、ホタテの仲間だ。現代で「ホタテ」といえば、ホタテガイ（*Patinopecten yessoensis*）を指すことが多い。別名「アキタガイ」ともよばれるこの二枚貝は殻長20cm弱で、東北地方からオホーツク海の海底付近に生息する。獲れたばかりの新鮮なものを、炭火の上の網にのせ、醤油を垂らしながらじっくり焼いて……と想像するだけで空腹感が湧いてくる。

　そんなホタテガイの仲間に、約1万2000年前（更新世末期）に絶滅した種がいた。その名も**トウキョウホタテ**

▼3-1-6
イタヤガイ類
トウキョウホタテ
Mizuhopecten tokyoensis
千葉県木更津市で採集されたもの。現生のホタテと比較すると放射状の肋が少ない。横幅は約17cm。
（Photo：産業技術総合研究所地質調査総合センター）

（*Mizuhopecten tokyoensis*）。3-1-6 大きさはホタテガイとほぼ同じで形も似ているが、放射状の肋がホタテガイよりも少ない。九州地方から本州にかけての、古第三紀鮮新世〜第四紀更新世の地層から化石が産出する。

見つけることはさほど難しくなく、それなりの大きさがあることから、化石採集の初心者にも人気の種である。「トウキョウ（tokyo）」と名に付くことが示唆するように、本種が最初に新種として報告されたときに、東京で発見された標本が使われた。

もう一つは、**ブラウンスイシカゲガイ**（*Fuscocardium braunsi*）だ。3-1-7 現生のザルガイ（*Vasticardium burchardi*）の仲間で、大きさも現生ザルガイとほぼ同じく殻長7cm前後。愛知県と関東地方に分布する更新世中期〜後期の地層から化石がよく出ることで知られている。特徴は肋の形だ。四角形の断面がゴツい印象を与える。

「ブラウンス」は、ドイツの地質学者ダーフィット・A・ブラウンスを表す。明治維新以降、日本には数多くの外国人研究者が訪れ、この国の近代教育の礎を築いた。地質学も例外ではない。そのような背景のもとで、ブラウンスは、のちの章で紹介するハインリッヒ・E・ナウマンの後任として、1879年に東京帝國大学の教授に着任した。彼は、日本の近代地質学を育てるとともに、東京や横浜周辺の地質や貝化石の研究でも業績を残し、1882年に帰国。その後、1906年に東京帝國大学の徳永重康がこの貝化石を報告し、その際に種小名をブラウンスに献じたのである。

▼3-1-7
ザルガイ類
ブラウンスイシカゲガイ
Fuscocardium braunsi
茨城県つくば市で採集されたもの。放射状の肋が角張っている。横幅約7cm。
（Photo：産業技術総合研究所地質調査総合センター）

2 "タール"に封じられた動物たち

第3部　第四紀

大都市の中の化石産地

　本シリーズで、これまでに"窓"として紹介してきた世界の化石産地の多くは、基本的には都市の郊外に位置していた。たとえば、上巻の第1部第4章で紹介した「グルーベ・メッセル」は、人口3800人ほどの小さな村にあり、近郊の都市ダルムシュタット（人口15万人）からは、直線距離で5kmほど離れている。

　その意味では、第四紀随一の"窓"である「ランチョ・ラ・ブレア」は、ほかの時代の"窓"とはひと味もふた味も異なる。人口1000万を擁するアメリカ第2の大都市にして西海岸最大の拠点であるロサンゼルスの街中に位置しているのだ。

　筆者は残念ながらまだ訪問する機会を得ていないが（本当に残念だ）、良質化石産地へのアクセスの良さでいえば、ずば抜けて「便利」である。現在では、この化石産地に「ラ・ブレア・タールピッツ博物館（the La Brea Tar Pits and Museum）」が築かれていて、この地から産出した膨大な量の化石が展示されている。

　そもそも「ランチョ・ラ・ブレア」とは、スペイン語で「タールの牧場」という意味である。「タール（tar）」は、粘り気のある油のような液体を指すが、実際にこの地で採掘できるのは「アスファルト」だ。この地で採掘されるものは粘り気が強く、『世界の化石遺産』（著：ポール・セルデン、ジョン・ナッズ。原著は2004年刊行、邦訳版は2009年刊行）によれば、古くからネイティブ・アメリカンの人々によって接着剤や防水剤として用いられてきたという。歴史に登場するのは、スペイン人探検家が発見してからのことで、1769年に「広大なタールの沼地」と記載されたという。その後、19世紀には道路建設用のアスファルトとして用いられるようになった。

学術的に注目されるようになったのは、1875年からである。この年、ボストン自然史協会のウィリアム・デントンによって、ランチョ・ラ・ブレアで発見された化石が、絶滅動物のものであると報告されたのだ。その後、地元ロサンゼルスの地質学者だったW・W・オルクットによって、さまざまな哺乳類化石が発見された。

　それ以来、多くの研究者やアマチュア化石収集家がこの地を訪れては採掘し、化石を持ち帰っていった。ラ・ブレア・タールピッツ博物館のwebサイトによると、当時、この土地の所有者であったG・アラン・ハンコックは、貴重な化石が傷つけられたり、むやみに持ち去られたりすることを危惧し、1913年にロサンゼルス歴史・科学・美術博物館（現在のロサンゼルス自然史博物館）に2年間の独占的な採掘権を与えたという。そして、同博物館の組織的な活動により、96におよぶサイトが採掘され、75万もの標本が発見されることになった。

　その後、この地は「ハンコック公園」とされ、ロサンゼルス郡に寄贈された。1977年にはカリフォルニア州の資産家であるジョージ・C・ページの寄付によって、園内に博物館が設立された（このような価値のある施設に対して、「寄贈」や「寄付」という言葉が普通に出てくるところが、アメリカの素晴らしいところだ）。「ページ博物館（The Page Museum）」と名付けられたこの博物館は、園内の発掘、研究、啓蒙活動の拠点となった。そして2015年に、博物館の名前が「ラ・ブレア・タールピッツ博物館」に改められ、現在に至っている。

　ランチョ・ラ・ブレアでこれまでに発掘された標本数は350万点をこえるとされ、種数にして660種以上の動植物が報告されている。それらの化石のほとんどは、約3万8000年前から約1万1000年前のもので、なかには約9000年前のものもある。地質時代でいえば、更新世の末期から完新世初期のものだ。

▍捕獲された捕食者たち

　ランチョ・ラ・ブレア産の化石といえば、哺乳類が

有名である。とくに肉食動物だ。ラ・ブレア・タールピッツ博物館のwebサイトによれば、この地で発掘されている哺乳類化石の約90%は、肉食動物が占めるという。一つの生態系として見るならば、異常といえる高い値である。

　なぜ、肉食動物の化石ばかりが発見されているのか？　アスファルトに足をとられて身動きできなくなった動物が（それが肉食性であれ植物食性であれ）、捕食者にとっては格好の獲物に見えたのかもしれない。獲物を襲いに（あるいは腐肉を漁りに）アスファルトの沼に足を踏み入れた捕食者は、自分も身動きができなくなった。そしてそのまま、次の捕食者をよび寄せる"餌"となった。肉食動物の割合が極端に多いのは、そうした「ミイラ取りがミイラになる物語」があったためとみられている。

　"捕獲された肉食動物"の化石のなかで、おそらく最も知名度が高いのは**スミロドン・ファタリス**だろう。頭胴長1.7m、肩高1mの剣歯虎だ（上巻の第零部第1章参照）。そもそも、1875年にボストン自然史協会のデントンのもとへ持ちこまれ、ランチョ・ラ・ブレアが注目されるきっかけとなった化石こそが、本種の標本である。なお、スミロドン・ファタリスは、ランチョ・ラ・ブレアを擁するカリフォルニア州の「州の化石」にも認定され

▼3-2-1
ネコ類
スミロドン・ファタリス
Smilodon fatalis
ラ・ブレア・タールピッツ博物館所蔵標本。右は復元図。
（Photo：Steve Hamblin / Alamy Stock Photo）

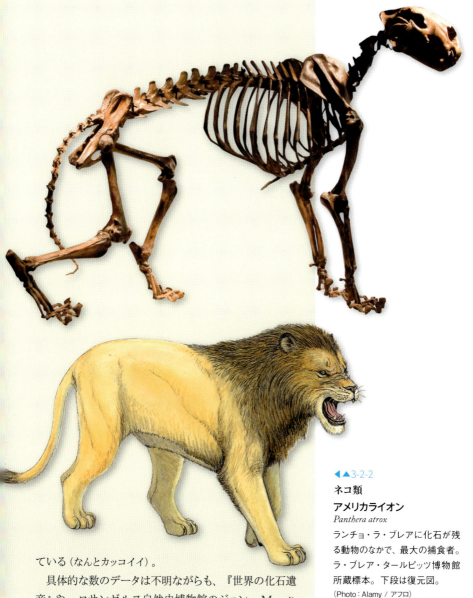

▶▲3-2-2
ネコ類
アメリカライオン
Panthera atrox
ランチョ・ラ・ブレアに化石が残る動物のなかで、最大の捕食者。ラ・ブレア・タールピッツ博物館所蔵標本。下段は復元図。
(Photo：Alamy／アフロ)

ている（なんとカッコイイ）。

　具体的な数のデータは不明ながらも、『世界の化石遺産』や、ロサンゼルス自然史博物館のジョン・M・ハリスとラ・ブレア・タールピッツ博物館のジョージ・T・ジェファーソンが編纂した『Rancho La Brea：Treasures of the Tar Pits』(1985年刊行)によれば、ランチョ・ラ・ブレアにおけるスミロドン・ファタリスの化石産出

▶3-2-3
イヌ類
ダイアウルフ
Canis dirus
上はラ・ブレア・タールピッツ博物館所蔵の復元全身骨格。下は復元図。
（Photo：Martin Shields / amanaimages）

数は、全哺乳類のなかで第2位の量を占めるという。ラ・ブレア・タールピッツ博物館のwebサイトでは、スミロドン・ファタリスの標本には、治癒痕の見られるものが多くあるとされる。このことから、同サイトでは、スミロドン・ファタリスが老齢の個体や衰弱した個体を含む集団を作っていた可能性を指摘している。

スミロドン・ファタリスはそれなりに大きな肉食動物だが、『Rancho La Brea : Treasures of the Tar Pits』によれば、ランチョ・ラ・ブレアで発見される「最大の肉食動物」は、スミロドン・ファタリスではない。**アメリカライオン**（*Panthera atrox*）である。3-2-2 アメリカライオンは現生のライオンとよく似た外見をもつ絶滅種で、現生のライオンよりも25％ほど大きな体のもち主で

◀ 3-2-5
イヌ類
コヨーテ
Canis latrans
ランチョ・ラ・ブレアにおける産出量は第3位。現生種。

ある。すなわち、頭胴長3.8m前後のツワモノだ。スミロドン・ファタリスと比較すると、約2.2倍の体サイズである。ほかにもネコ類としては、現生種でもあるピューマ(*Felis concolor*)、ボブキャット(*Lynx rufus*)、ジャガー(*Panthera onca*)などの化石が発見されている。

さて、スミロドン・ファタリスの化石産出数は、「第2位」と書いた。では、第1位は何か？

ダイアウルフ(*Canis dirus*)である。 3-2-3 頭胴長1.5m前後、肩高80cm弱でがっしりとした体つきの"絶滅オオカミ"だ(上巻の第零部第1章参照)。これまでに発見されている化石の数は1600個体以上とされる。ラ・ブレア・タールピッツ博物館には、名物として400個以上のダイアウルフの頭骨が並んで展示されている壁があり、その個体差を知るための格好の資料となっている。 3-2-4 『世界の化石遺産』では、彼らが群れごとアスファルトの池にはまってしまった可能性に言及している。このことは同時に、ダイアウルフが大規模な集団を作っていた可能性も示唆している。

ダイアウルフと同じイヌ類としては、現生種でもあるコヨーテ(*Canis latrans*)が、スミロドン・ファタリスに次

▶3-2-4
ラ・ブレア・タールピッツ博物館の"名物展示"の一つ。ダイアウルフの個体差を楽しむことができる。
(Photo：Photoshot / アフロ)

ぐ第3位の産出量を誇っている。 3-2-5 現在のコヨーテは、頭胴長1mほど。ランチョ・ラ・ブレアのコヨーテは、それよりも少し大きいとのことである。

珍しい化石としては、小型のイヌ（オオカミではない）の頭骨が発見されている。その頭骨の標本長は約14cmというから、今、筆者の足下で寝ているシェットランド・シープドック（生後半年）の頭のサイズとさほど変わらない。ランチョ・ラ・ブレアのイヌは、これで成犬であるという。そして、このイヌの化石の近くには、人骨があった。

事故か、事件か、それとも儀式か

ランチョ・ラ・ブレアでは、1標本だけ人骨化石が発見されている。その標本は、「ラ・ブレア・ウーマン」と通称されている。放射性炭素同位体を用いた年代測定によって、9000年前（完新世初期）のものであると算出された。

『Rancho La Brea : Treasures of the Tar Pits』によれば、ラ・ブレア・ウーマンとして発見されているのは頭骨と一部の骨だ。解剖学的な分析の結果、ラ・ブレア・ウーマンは身長150cm、年の頃は20〜25歳の妙齢の女性であることが判明している。

なぜ、このような人骨がランチョ・ラ・ブレアに沈んでいたのだろう？

多くの動物が"捕獲"されているように、アスファルトの沼は、ヒトといえども足を踏み込めばそうやすやすと脱出できるものではない。小型のイヌを伴っていたことを考えると、イヌと遊んでいるうちに仲間と離れ、何らかの事故でともにアスファルトの沼に足を踏み入れてしまったのかもしれない。あるいは、腐肉のにおいにつられてアスファルトの沼に足を踏み入れた愛犬を助けようとして、自分もアスファルトにとらえられてしまったのか。そこに物語を感じずにはいられない。

ただ、彼女がここで眠ることになったのは、「事故」ではないかもしれない。『Rancho La Brea : Treasures of the Tar Pits』では、二つの仮説を紹介している。

　仮説の一つめは、事件性に言及したものだ。ラ・ブレア・ウーマンの頭骨化石が、いくつかのパーツに分かれて発見されていたことから、彼女は撲殺され、遺体をアスファルトの沼に投げ込まれたというものである。……殺人事件の隠蔽だったのだろうか？

　二つめは、イヌを伴っていたことや、装飾品も発見されていることから、何らかの儀式でこの地に"埋葬"されたのではないか、という説である。イヌは儀式としての必要性か、あるいは、愛犬だったので"殉死"させられたのか。それとも、死後に飼い主と同じ場所に葬られたのだろうか？

　いずれにしろ、謎は解けていない。もし第2、第3の人骨が発見され、分析されれば、ラ・ブレア・ウーマンについても何かしら別の答えが出てくるかもしれない。

北アメリカ最大の哺乳類

　ランチョ・ラ・ブレアで発見される哺乳類化石は、肉食動物が大半を占める。しかし、植物食動物が発見されていないわけではない。ロサンゼルス自然史博物館が1956年にまとめた『RANCHO LA BREA : A Record of Pleistocene Life in California』の第6版によれば、バイソンの仲間をはじめとして、ラクダの仲間やウマの仲間、ウサギの仲間など多くの植物食哺乳類の化石が見つかっているという。

　そうした動物たちのなかで、本書で紹介しておくべきはやはりマンモスの仲間だろう。**コロンビアマンモス**（*Mammuthus columbi*）である。3-2-6 ゾウ類の"故郷"がアフリカであるように（上巻の第零部第2章参照）、マンモスの故郷もアフリカだった。コロンビアマンモスは、アフリカから遠く離れたロサンゼルスまで、進化を繰り返して到達したマンモスの仲間であり、マンモス属のなかでは屈指の大きさを誇る。

　コロンビアマンモスは、古今の北アメリカにおいて最

▶3-2-6
ゾウ類
コロンビアマンモス
Mammuthus columbi
ランチョ・ラ・ブレアでただ一つ発見されているマンモス類。ラ・ブレア・タールピッツ博物館所蔵。左下は復元図。
(Photo：ZUMAPRESS.com / ama-naimages)

▲▼3-2-7
長鼻類
アメリカマストドン
Mammut americanum
ランチョ・ラ・ブレアのアメリカマストドンは、ほかの地域で発見されているものより小柄であるという。上はラ・ブレア・タールピッツ博物館所蔵の全身復元骨格（成体と幼体）。下に復元図。
（Photo：Julie Dermansky／amanaimages）

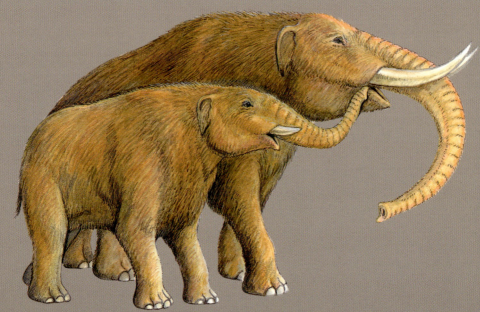

大の哺乳類でもある。「皇帝」にちなんだ種小名をつけてインペリアルマンモス（*Mammuthus imperator*）とよばれることもあったが、研究の進展によって「コロンビアマンモス」のよび方に統合された。

『Rancho La Brea : Treasures of the Tar Pits』によれば、コロンビアマンモスの平均的なサイズは肩高3.6m程度。しかし、ランチョ・ラ・ブレアから発見されているいくつかの個体は、その平均値よりも一回り大きく、肩高3.9mをこえるという。もしもこのサイズのマンモスに"騎乗"しようとするならば、日本の一般的な戸建て住宅の2階のベランダから頑張るほかなさそうだ。

なお、ランチョ・ラ・ブレアから発見されている長鼻類は、コロンビアマンモスだけではない。**アメリカマストドン**（*Mammut americanum*）の報告もある。3-2-7 アメリカマストドンは、一見するとマンモスとよく似ているが、マンモスよりも小柄で、何より歯の形が異なる。

ラ・ブレア・タールピッツ博物館のWebサイトによれば、2006年から開始している「プロジェクト23」において、2011年に発見された幼体のマストドン化石の発掘・クリーニングが進められているという。

このプロジェクト23のように、ランチョ・ラ・ブレアにおける発掘は、今なお大規模かつ組織的に進行中だ。第四紀のアメリカを覗き見る"窓"は、日々、拡大しているのである。

3 最後の巨獣たち

高耐寒仕様のマンモス

　絶滅した哺乳類、しかも巨獣の代表といえば、やはり前章でも登場した「マンモス」だろう。その知名度たるや、"古生物界"のなかでは恐竜に次ぐのではなかろうか。事実、マンモスをテーマにした特別展さえ開催される昨今である。

　さて、一口に「マンモス」といっても、そこには複数の種が存在する。「マンモス」とは「*Mammuthus*」という属を指し、この属にはたとえば、前章で紹介した「北アメリカ最大の哺乳類」であるコロンビアマンモス（*Mammuthus columbi*） 3-3-1 や、ヨーロッパでよく知られた**メリジオナリスマンモス**（*Mammuthus meridionalis*） 3-3-2 、**トロゴンテリーマンモス**（*Mammuthus trogontherii*） 3-3-3 などがいる。日本において「マンモス」といえば、おそらく**ケナガマンモス**（*Mammuthus primigenius*）を指す場合が多いだろう。 3-3-4

　こうしたマンモスに対する日本語でのよび方は必ずしも一定ではなく、メリジオナリスマンモスは「メリジオナリスゾウ」、トロゴンテリーマンモスは「トロゴンテリーゾウ」、ケナガマンモスについては「ケマンモス」や「マンモスゾウ」ともいわれる。

　マンモス属はゾウ類（科）に分類される。上巻の第零部第2章では、「最も原始的なゾウ類」として、古第三紀中新世のアフリカに登場したステゴテトラベロドン（*Stegotetrabelodon*）を紹介した。マンモス属の歴史もまた、アフリカから始まる。こちらは中新世の次の地質時代に当たる鮮新世の登場だ。

　こうしたマンモス属の進化に関しては、イギリス、ロンドン自然史博物館のエイドリアン・リスターと、フリーの考古学者であるポール・バーンが著した『Mammoths

◀▼3-3-1
ゾウ類
コロンビアマンモス
Mammuthus columbi

群馬県立自然史博物館所蔵の全身復元骨格。肩高3m。下は復元図。
(Photo：安友康博/オフィス ジオパレオント)

▶3-3-2
ゾウ類
メリジオナリスマンモス
Mammuthus meridionalis

コロンビアマンモスと同等サイズのマンモス。

▶3-3-3
ゾウ類
トロゴンテリーマンモス
Mammuthus trogontherii

コロンビアマンモスと同等サイズのマンモス。メリジオナリスマンモスから進化した種とされる。

◀▲3-3-4
ゾウ類
ケナガマンモス
Mammuthus primigenius
第四紀の北半球高緯度地域で大繁栄したマンモス。日本でも北海道に生息していた。北海道博物館所蔵の全身復元骨格。肩高3.5m。上は復元図。
(Photo:安友康博/オフィス ジオパレオント)

: Giants of the Ice Age』（2007年刊行）や、2013年に横浜で開催された特別展『マンモス「YUKA」』の図録によくまとめられている。

　アフリカで誕生したマンモス属は、その後ヨーロッパへ進出した。ここで生まれたのが、メリジオナリスマンモスであり、トロゴンテリーマンモスだった。そして、第四紀更新世の寒冷な時代になって登場したのがケナガマンモスである。この3種は、マンモス属のなかで同一の進化系列に乗るといわれており、メリジオナリスマンモスからトロゴンテリーマンモス、トロゴンテリーマンモスからケナガマンモスが進化したといわれている。その後、ケナガマンモスはユーラシアと北アメリカの北部という広大な地域でおおいに栄えることになった。この分布範囲は、マンモス属としてだけではなく、ゾウ類のほかの仲間たちと比較してもずば抜けて広い。

　ケナガマンモスは、なぜここまでの成功を収めることができたのだろうか？

　幸いなことに、その手がかりは、いわゆる「冷凍マンモス」に残されていた。寒冷な時代に寒冷な地域に進出した彼らは、シベリアの永久凍土の下にそのまま「凍った遺骸」を残した。そのため、ほかの古生物ではなかなか手に入らない筋肉や毛などの情報が手に入るのだ。

　そうした冷凍マンモスの一つとして2013年に来日した標本が、通称「YUKA」である。 3-3-5 更新世後期に当たる約3万9000年前の地層から発見された、肩高約1.2m、約6〜11歳のケナガマンモスだ。「YUKA」の通称は発見地の「ユカギル」にちなむ。ここでは、そのYUKAの特別展図録から、ケナガマンモスのもつ「耐寒仕様」についてまとめておこう。

　ケナガマンモスは、その名が示すように全身に長い毛をもっていた。そのため、ケナガマンモスの復元画は、ひと目でほかのマンモス属や現生ゾウ類と区別できる。この毛は細かく柔らかな毛（下毛）と、太くまっすぐな毛（上毛）の二層構造である。

　耳のサイズにも注目したい。現生ゾウ類の2種、アフ

リカゾウとアジアゾウを比べると、より暑い地域で暮らすアフリカゾウの耳は、アジアゾウよりも大きい。これは、熱を放出しやすくするためとの見方がある。では、ケナガマンモスの耳はというと、アジアゾウよりもはるかに小さいのだ。

興味深いのは「肛門」である。ケナガマンモスの尾の付け根には皮膚のひだがあり、これによって肛門に蓋をすることができたという。この「肛門弁」は、現生ゾウ類にはない。これもまた、体内の熱を逃がさないようにするための機能とみられている。

こうした"耐寒仕様"が、寒冷な時代の寒冷な地域で有利に働いたのは疑いないだろう。ケナガマンモスは「寒さへの強さ」を武器に、空前の繁栄をなし得たのである。

日本橋にゾウ類

ケナガマンモスが我が世の春を謳歌していた更新世には、日本にも複数種のゾウ類がいたことがわかってい

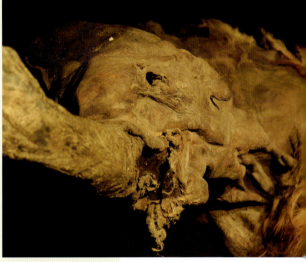

▲3-3-5
ケナガマンモス「YUKA」
いわゆる「冷凍マンモス」の一つで、幼体。長い毛などがよく確認できる。
（Photo：アフロ）

る。そのなかでも、北海道から九州までほぼ全国から化石が産出し、ほかのゾウ類の化石を圧倒するほどの標本数を誇るのが**ナウマンゾウ**（*Palaeoloxodon naumanni*）である。 3-3-6

　ナウマンゾウの種小名は、明治期に来日し、日本の近代地質学の構築に大きく貢献したドイツ人地質学者、

▶3-3-6
ゾウ類
ナウマンゾウ
Palaeoloxodon naumanni
第四紀、日本各地に生息していたゾウ類。この全身復元骨格は、千葉県立中央博物館が所蔵・展示するもので、頭部は千葉県産、牙は東京都産、体は神奈川県産の化石がもとになっている。ナウマンゾウとしてはかなり大型の肩高4m。右ページに復元図。
（Photo:安友康博/オフィス ジオパレオント）

ハインリッヒ・E・ナウマンへの献名だ。ナウマンは1875年（明治8年）に来日したのち、1877年に東京帝國大学理学部地質学科の初代教授に就任。国立の地質調査所の設立にもおおいに力を発揮して、その後は日本列島の地質調査を行い、日本初の本格的な地質図を完成させた。その調査距離は、合計1万kmに達したともいわれる。

そんなナウマンが1881年に報告したのがナウマンゾウである。もっとも、ナウマンはこのゾウ類の化石を新種とは考えなかったので、当時の段階では新たな学名はつかなかった。

ナウマンが帰国したのち、京都帝國大学の槇山次郎が同種別標本を調査し、1924年に既知のゾウ類の亜種として位置づけた。このときの亜種名にナウマンの名

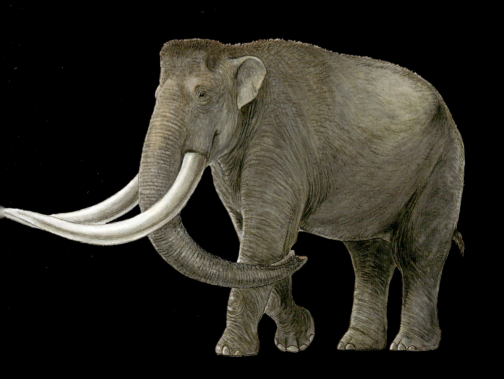

前が用いられた。そして、のちの研究で亜種ではなく、一つの独立した種であるとされ、今日に至っている。

ナウマンゾウの化石は、とにかくさまざまな場所から産出している。海外では中国および朝鮮半島からの報告があり、日本国内では長野県の野尻湖が有名で、瀬戸内海でもよく漁の際に網にかかるという。関東地方でもその化石はよく産出する。たとえば東京都でも、日本橋にある都営新宿線浜町駅の工事中に2体分の化石が発見された例があり、そのほか池袋、原宿などでも見つかっている。また、瀬戸内海産ナウマンゾウについては、かつて「真屋卯吉コレクション」とよばれる名の知れた標本群があった。このコレクションのうちの数百点が早稲田大学に収められたが、第二次世界大戦で戦災にあい、未研究のまま失われてしまった。現在では、写真だけが残っているという。

ナウマンゾウの大きさはケナガマンモスよりも一回り小さく、肩高2.5〜3mほどだ。最大の特徴はその頭部にある。額から頭の両側にかけて目立つ出っ張りがあるのだ。2014年に国立科学博物館で開催された『太古の哺乳類展』の図録では「特に肉つきの復元図では、ベレー帽をかぶっているような形になっているので、すぐに見分けがつきます」とある。なんともオシャレなゾウ類だ。

ナウマンゾウの化石とともに花粉や植物の化石が見つかっていることから、ナウマンゾウが温帯の落葉広葉樹林や広葉樹と針葉樹の混ざった針広混交林を好んでいたことが明らかになっている。

日本最古のナウマンゾウの化石は、約35万年前のものだ。そして、それよりも古い化石はまだ発見されていないものの、おそらく約43万年前の寒冷期に大陸から日本列島にやってきたと考えられている。過去50万年間の歴史のなかで、対馬海峡が陸化したのはそのときだけだからである。その後、氷期・間氷期のサイクルが繰り返されていくなかで、寒さが厳しいときには南へ、寒さがゆるんだときには北へと、日本列島を南北に往復しながらしだいに生息圏を広げていったようだ。

ケナガマンモスとナウマンゾウのせめぎあい

　寒冷な気候に強く草原を好むケナガマンモスと、温暖な気候を好み針広混交林で暮らすナウマンゾウ。両者は、同じ更新世の哺乳類でありながらも、好みとする気候と植生は対称的だ。そんなケナガマンモスとナウマンゾウがせめぎあう"前線"が、北海道にあった。

　琵琶湖博物館の高橋啓一たちが2005年と2006年に発表した論文と、2011年刊行の『化石から生命の謎を解く』（化石研究会編）に寄稿した原稿を参考に、話を進めていこう。

　2011年の時点で、日本で発見されているケナガマンモスの化石は合計13点だった。このうち、じつに12点が北海道で発見されており、残りの1点は北海道からはるか南西の島根県温泉津町沖の海で発見された。この島根県の標本は、大陸で死んだものが海流に乗って運ばれてきたものと考えられており、高橋は「日本にいたマンモスを考えるときは、ひとまず除外すべき標本」としている。そして、島根県の標本を除外すると、北海道は、アジア東端におけるケナガマンモスの南限だった可能性が高くなる。

　気候の寒冷期には、サハリン北部の間宮海峡と南部の宗谷海峡は海水面の低下にともなって陸化し、ケナガマンモスの"進行ルート"が開けていた。3-3-7 このルートを通って、ケナガマンモスは大陸から北海道までやってきた。

　高橋たちがケナガマンモスの標本の年代を調べたところ、北海道にケナガマンモスがいたのは約4万8000〜2万年前であるとの値が出た。ただし、この約2万8000年の間、ずっと北海道にいたわけではないらしい。ケナガマンモスの標本の年代は、約4万年前より古いものと、約3万年前よりも新しいものに分けられるという。つまり約4万〜3万年前の1万年間がすっぽりと抜けているのである。

　この"間隙の年代"の北海道に出現するのがナウマンゾウだ。北海道北部の湧別町で産した化石の年代が約

▲3-3-7
ケナガマンモスの"侵攻ルート"
海水面が低下したことで、北海道とシベリアは陸続きになっていた。『北海道象化石展！』図録を参考に制作。

3万5000年前を示すのである。

　こうしたゾウ類のデータと花粉化石による当時の植生のデータから、約3万5000年前には更新世の寒気が一時的にゆるみ、ケナガマンモスは北に移動して北海道から姿を消し、ナウマンゾウが本州から北上してきたことが推察されている。植生はこのとき、ナウマンゾウが好む針広混交林が広がっていた。

　その後、約2万年前になると再び寒気がぶりかえし、植生はケナガマンモスの好む草原が少しずつ増えていった。ナウマンゾウは本州に"退却"して、ケナガマンモスが北海道に"再侵攻"してきた。ゾウ類の北限・南限のせめぎあいが、当時の北海道で起きていたというわけだ。3-3-8、9

　もう一つ、ナウマンゾウについて示唆されることがある。本州と北海道の間には、狭いところでも幅19kmの津軽海峡がある。寒冷な時期であれば、この津軽海峡が凍って、あるいは干上がって、なんらかの"橋"があったと考えることができるかもしれない。

　しかし、ナウマンゾウが北進した時期は比較的暖かい時期だ。高橋は『化石から生命の謎を解く』のなかで、「海を泳いで渡ったのではないか」と述べている。

ケナガマンモスとナウマンゾウは共存していたのか

　寒冷な気候に強く草原を好むケナガマンモスと、温暖な気候と針広混交林を好むナウマンゾウ。こうして見ると、同地域でケナガマンモスとナウマンゾウが共存していたようすはないように見える。

　しかし、2013年。北海道博物館（当時の名称は北海道

▲3-3-8
ナウマンゾウ
温暖な気候を好む。
北海道博物館所蔵。
(Photo：安友康博/オフィス ジオパレオント)

開拓記念館）の添田雄二たちが報告した研究で、北海道南部の北広島市から発見されたケナガマンモスとナウマンゾウの化石が、ともに約4万5000年前のものであると示された。「約4万5000年前」といえば寒冷期であり、"ケナガマンモスの時代"だ。そんな時代にナウマンゾウもまだ北海道に残っていた。あるいは、いち早く北上していた。「約4万5000年前」という数字は、これまでの"定説"を覆す可能性を秘めているのだ。

　ケナガマンモスとナウマンゾウは、本当に共存していたのか？

　そう簡単に結論できないのがサイエンスである。このとき添田たちが年代を決めるために用いた方法は、それぞれの臼歯化石の内部にある象牙質部分からコラーゲンを採取し、放射性炭素同位体を測定するというものだった。その方法は最新かつ信頼性の高いものとして評価されているが、それでも「ピンポイントで〇〇年前」という精度ではない。「幅（期間）」が存在するのだ。このとき算出された年代値は、正確にいえば、ナウマンゾウが4万5540〜4万4959年前、ケナガマンモスが4万6014〜4万5409年前だった。なお、これらの値は、この化石を残した個体が「この期間のどこかで生きていた」ことを示すものだ。「個体の寿命」を示すわけでは

▲3-3-9
ケナガマンモス
寒冷な気候に強い。北海道博物館所蔵（p104と同じ標本）。
（Photo：安友康博/オフィス ジオパレオント）

ない (念のため)。

　これらの期間のうち「どこかの時期」にケナガマンモスが生存し、それとは別の「どこかの時期」にナウマンゾウがいた。つまり、数千年規模の激しい気候変動の発生により、植生が劇的に変化し、ケナガマンモスとナウマンゾウがすばやく入れ替わっていた可能性も十分考えられるのである。共存していたように見えるのは、測定の精度による「偶然」なのかもしれない、というわけだ。

　しかし「偶然」も2度続けば、「必然」の可能性も増して来る。2013年に高橋たちが「北海道のゾウ化石とその研究の到達点」と題して発表した論文では、新たに襟裳岬沖で発見されたケナガマンモスの化石が報告されている。その年代値は、約3万5000年前だった。

　思い起こしていただきたい。「約3万5000年前」という値は、先に「約4万～3万年前の1万年間がすっぽりと抜けている」と書いたケナガマンモスの記録のど真ん中である。さらにいえば、湧別町の約3万5000年前のナウマンゾウとほぼ同じ年代であり、北海道では針広混交林が広がっていたとされる時代だ。"共存説"の見方に立てば、北広島市では"ケナガマンモスの時代"にナウマンゾウが確認され、襟裳岬では"ナウマンゾウの時代"にケナガマンモスが確認されたということになる。

　ただし、ここに至っても高橋たちは慎重で、この論文では、「マンモスゾウ（ケナガマンモス）とナウマンゾウの産出年代がほぼ重なって見える現象は年代測定の精度の問題であると思われる」と指摘している。

　しかし、である。ケナガマンモスとナウマンゾウの"共存問題"は、2015年になって新たな展開を見せることになった。北海道博物館の圓谷昂史や北方圏古環境室の五十嵐八枝子たちが発表した研究で、北広島市の「ケナガマンモスとナウマンゾウが共存していたとみられる時代の地層」から花粉化石が採取され、分析されたのだ。このときの花粉化石の年代は、ともに産出した樹木の化石の年代測定によって、4万6920～4万5615年前のものであるとされた（花粉化石そのものは年代測定ができ

ない)。ケナガマンモスの年代値と重複し、ケナガマンモスとナウマンゾウの"共存年代"とも極めて近い値である。そんな時代の植生が、花粉化石の分析によって示された。

　結果は、9割以上が針葉樹というものだった。ケナガマンモスが好む草原でも、ナウマンゾウが好む針広混交林でも（もちろん、落葉広葉樹林でも）なかったのだ。

　本項で紹介したすべての研究に関わっている添田に筆者が取材したところ、本来の暮らしやすい植生ではない場所でもケナガマンモスとナウマンゾウは耐えることができた可能性があるという。大多数の群れは、気候変動と植生の変化にともなって移動した。しかし、少数のケナガマンモスとナウマンゾウは、針葉樹林という"特殊な環境"でも耐えぬいていた、というわけだ。ちなみに、ケナガマンモスが針葉樹林でも暮らしていたという指摘は、世界で初めてのものであるという。

　本来の植生以外でも耐えることができるのであれば、共存説の可能性は飛躍的に高まることになる。議論は新たな展開を見せつつ、さらなる発見を待つ段階に入ったといえるだろう。北広島の針葉樹林がどこまで広がっていたのか。北広島以外にも針葉樹林で暮らしていた、そして共存していた場所があるのか（同じ地域から同じ年代の2種の化石が発見されるのか）。今後の研究に期待したいところだ。

オオツノジカ

　「シカ」は、現代の日本列島にも暮らしている。体やツノの大きさによって「エゾシカ」「ヤクシカ」「ホンシュウジカ」と分けられるものの、これは基本的にはすべて「ニホンジカ（*Cervus nippon*)」という一つの種に分類される。ニホンジカのなかで大きなものは「エゾシカ」とよばれているグループ（正確には「亜種」）で、その肩高は1.3mほどである。

　一方、ナウマンゾウのいた更新世の日本列島には、エゾシカを一回り上回る肩高1.7mのシカがいたことが知

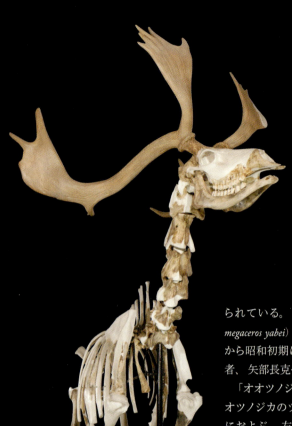

◀ 3-3-10
シカ類
ヤベオオツノジカ
Sinomegaceros yabei
かつて日本で暮らしていた大型のシカ。群馬県立自然史博物館所蔵。肩高1.5m。右ページ下に復元図。
（Photo:安友康博/オフィス ジオパレオント）

られている。その名を**ヤベオオツノジカ**（*Sinomegaceros yabei*）という。 3-3-10 種小名は、大正から昭和初期にかけて活躍した日本の古生物学者、矢部長克への献名だ。

「オオツノジカ」の言葉が示すように、ヤベオオツノジカのツノは大きい。その左右幅は1.5mにおよぶ。左右それぞれのツノは根元で2方向に分かれ、ヒトが両手を広げたように大きく平たく広がっている。

ヤベオオツノジカとナウマンゾウの化石は、同じ地層から発見されることが多い。本書監修の群馬県立自然史博物館のwebサイトによれば、青森県の尻屋崎や栃木県の葛生地方、岐阜県郡上八幡の熊石洞、静岡県浜名湖周辺、山口県秋吉台周辺、北九州市平尾台周辺などが産地として挙げられている。両種とも更新世後期の日本を代表する動物であり、同館の長谷川善和はこの時代の動物相を「ナウマンゾウ・オオツノジカ動物群」とよぶことを提唱している。

ヤベオオツノジカは、「日本最古」の記録ホルダーだ。何において「日本最古」なのかといえば、「発掘記録」「化石の鑑定書」「実物標本」

▼3-3-11
群馬県富岡市で1797年に発見されたヤベオオツノジカのツノ。ほぼ完全な標本である。
(Photo：群馬県立自然史博物館)

▲3-3-12
1798年に建立された、群馬県富岡市のヤベオオツノジカ化石発掘地点の「龍骨碑」。
(Photo：群馬県立自然史博物館)

▲3-3-13
1800年に書かれた、群馬県富岡市のヤベオオツノジカ化石に関する「鑑定書」。
(Photo：群馬県立自然史博物館)

がしっかり残っているという点で、である。その経緯に関しては、2012年に開催された日本古生物学会第161回例会の講演予稿集に、群馬県立自然史博物館の髙桒祐司と長谷川によってまとめられている。

　1797年（寛政9年）の夏、現在の群馬県富岡市から左右のツノ、下顎骨、肩甲骨などの化石が複数個体分見つかった。3-3-11 翌1798年には、この発掘を記念して「龍骨碑」が建立された。この記念碑は現存する「発掘記録」の一つである。3-3-12

▶3-3-14
シカ類
メガロケロス・ギガンテウス
Megaloceros giganteus
肩高1.8m。左右幅が3mに達する大型のシカ。「ギガンテウスオオツノジカ」「アイリッシュ・エルク」ともよばれる。詳細は本文にて。写真の全身復元骨格は、フランス、パリ自然史博物館所蔵。右ページに復元図。
（Photo：オフィス ジオパレオント）

「龍骨」碑とあるように、当時、この化石を誰もシカのものだと考えなかった。もっとも「龍」と勘違いされたわけでもなく、「地底で土砂崩れを起こす蛇」の骨と考えられたという。

　しかし、1800年。江戸幕府の侍医であった丹波元簡がこの"蛇の骨"を鑑定し、「大型のシカの一種（麋(び)）」であることを看破した。そして、「後世の学者が正体を明らかにするだろう」と記している。 3-3-13　1800年といえば、『解体新書』の杉田玄白や、日本地図の伊能忠敬、浮世絵の葛飾北斎たちが活躍していた時代である。

▶3-3-15
ラスコーの壁画に描かれたメガロケロス。
(Photo: National Geographic/Getty Images)

徳川将軍は第11代の家斉。明治維新より半世紀以上も昔だ。当時、正体不明の脊椎動物の骨の化石といえば、「龍の骨」といわれていた。そんな時代に「大型のシカの一種」と断定したのだ。高菜と長谷川は「丹波元簡の慧眼に敬意を表したい」とまとめる。

なお、この標本は一時期、東京の新宿にある前田家が所有していたが、のちに"雨ごい"の儀式をするために産地へ貸し出され、そのまま地元の神社に保管されることになった。第二次世界大戦で東京が大空襲にみまわれる10年ほど前のことだ。こうしてこの貴重な標本は戦禍を免れ、現存しているのである。

さて、一般に「オオツノジカ」とよばれるシカは、もう1種有名なものがある。**メガロケロス・ギガンテウス**(*Megaloceros giganteus*)だ。 3-3-14 肩高1.8mと、ヤベオオツノジカを少し上回る大きさのシカである。圧巻なのはそのツノだ。左右幅が3mに達するのである。本書ではさまざまな「ツノ」を紹介してきたが、これほどまでに幅の広いツノをもつものはほかにいない。

メガロケロスは、「アイリッシュ・エルク」ともよばれる。「アイルランドのヘラジカ」の意である。しかし、アイルランドで化石は多く産出するものの、ヨーロッパやアジアにかけての広い地域でも見つかる。ちなみに、メガロケロスとヘラジカ(*Alces alces*)は祖先・子孫の関係ではない。なんとも紛らわしい。

メガロケロスは、ヤベオオツノジカやナウマンゾウ、

◀▲3-3-16
ネコ類
ホラアナライオン
Panthera spelaea
「ドウクツライオン」ともよばれる。頭胴長2.7m。現生ライオンとよく似ているが、たてがみは確認されていない。上はホラアナライオンが描かれたラスコーの壁画。画の左右にその姿を見ることができる。左は復元図。
(Photo：SIPA/amanaimages)

ケナガマンモスと同時代に生きていた。特筆すべき点は、その生きている姿を人類が記録に残しているということである。フランスのラスコー洞窟の約2万年前の壁画に、メガロケロス・ギガンテウスのものとみられる姿があるのだ。3-3-15

「ホラアナ」の名をもつものたち

　メガロケロス・ギガンテウスと同じように、ラスコー洞窟に描かれている絶滅動物の一つが**ホラアナライオン**(*Panthera spelaea*)だ。3-3-16
　ホラアナライオンは、現在のライオンとよく似たネコ

▶3-3-17

"冷凍ホラアナライオン"

2015年に、ロシア東部、インディギルカ川沿いの永久凍土から発見されたホラアナライオン。標本長30cm前後で、イエネコとほぼ同じ大きさの幼体である。先ほど眠りについたかのような、そんな姿のまま保存されている。

(Photo:Vera Salnitskaya - The Siberian Times)

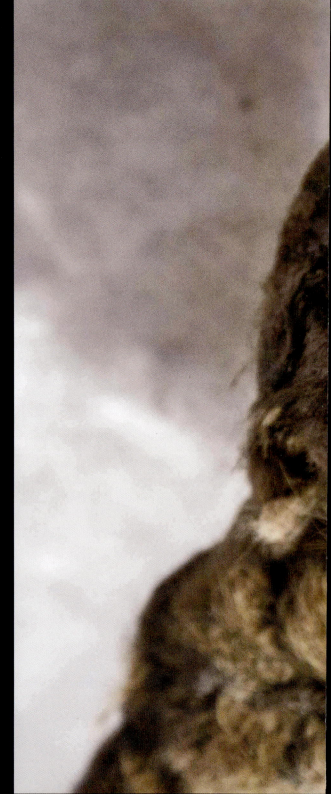

▼3-3-18
前ページと同じ個体を別角度で。報道によれば、この標本のほかにもう1個体発見されている。詳細な研究が待たれるが、同時にこの子たちの安らかな眠りを祈らずにはいられない。
(Photo : Vera Salnitskaya - The Siberian Times)

類で、実際、研究者によっては現生ライオンの亜種と位置づけていることもある (その場合の学名は「*Panthera leo spelaea*」となる)。2009年にイギリス、オックスフォード大学のロス・バーネットたちが発表した遺伝子にもとづく研究によれば、ホラアナライオンは、現生ライオンよりも、同じ絶滅種であるアメリカライオンに近いという。アメリカライオンは、前章で紹介したランチョ・ラ・ブレアで化石が見つかっている大型種だ。なお、バーネットたちは、アメリカライオンも現生ライオンの亜種であるとしており、学名は「*Pathera leo atrox*」としている。

　ラスコー洞窟の壁画から、ホラアナライオンは現生ライオンのようなたてがみをもたず、また尾の先の房もなかったとみられている。スペイン、ミケル・クルサフォント古生物学カタルーニャ機関のジョルディ・アウグスティと古生物アーティストのマウリシオ・アントンの著書『Mammoths, Sabertooths, and Hominids』 (2005年刊行) では、現生ライオンの雌のように見えたことだろう、と指摘している。なお、「ホラアナ」ライオ

▼3-3-19
ハイエナ類
ホラアナハイエナ
Crocuta spelaea
頭胴長1.5mで、現生ハイエナと比較するとやや大型とされる。洞穴から発見されたことはまちがいないが、半砂漠のような場所からも発見の報告がある。

ンといわれるくらいで、化石は洞窟から発見されているものが多い。スペインのレセティーキィ洞窟では、ほかの多くの哺乳類とともに化石が発見されている。2015年には、シベリアで冷凍ホラアナライオンの幼体が発見されており、詳細な研究が待たれる。3-3-17、18

さて、レセティーキィ洞窟で化石が発見されている哺乳類のなかには、ほかにも「ホラアナ」を冠するイヌ型類がいる。それが**ホラアナハイエナ**（*Crocuta spelaea*）だ。3-3-19 頭胴長は1.5mほどで、現生のハイエナの仲間と比べるとやや大型である。『新版 絶滅哺乳類図鑑』では、「ハイエナのなかでも骨を砕いて食べることに適応した種類で、その歯からはマンモスやケサイの骨を砕くこともできたことが想像される」と紹介されている。

「ホラアナ」を冠するものとしてもう1種、忘れてはならないのが**ホラアナグマ**（*Ursus spelaeus*）である。3-3-20 ユーラシア北部の洞窟から化石が見つかるクマで、その頭胴長は2mとヒグマ並みを誇る。ただし、ヒグマと比べると頭骨が大きく、足は短めだ。

アメリカ合衆国国立公園局のギャリー・ブラウンが、さまざまなクマに関する情報をまとめた『The Great Bear Almanac』では、かつて中世のヨーロッパの中央部では、ホラアナグマの化石がユニコーンやドラゴンの骨と考えられていたことが紹介されている。そのため、ホラアナグマの化石は粉々に砕かれて、薬として販売されていたらしい（なんともったいない）。ブラウンによれば、当時、中央ヨーロッパの多くの洞窟がこのようにして「商業的に」開拓されていったという。

ホラアナグマは植物食ではあるが、『新版 絶滅哺乳類図鑑』では「当時はもっとも恐ろしい動物の一つだったと思われる」との物騒な一言で解説され、『脊椎動物の進化』では、「イヌ上科（この場合は、イヌ型類と同義）の進化の頂点を代表する」と解説されている。

ホラアナグマの化石産地として知られる場所の一つが、ルーマニア西部にある。その名も「ベア・ケイブ（Bears Cave：クマの洞窟）」。この洞窟では、じつに140をこえる標本が発見されているという。3-3-21 群れ

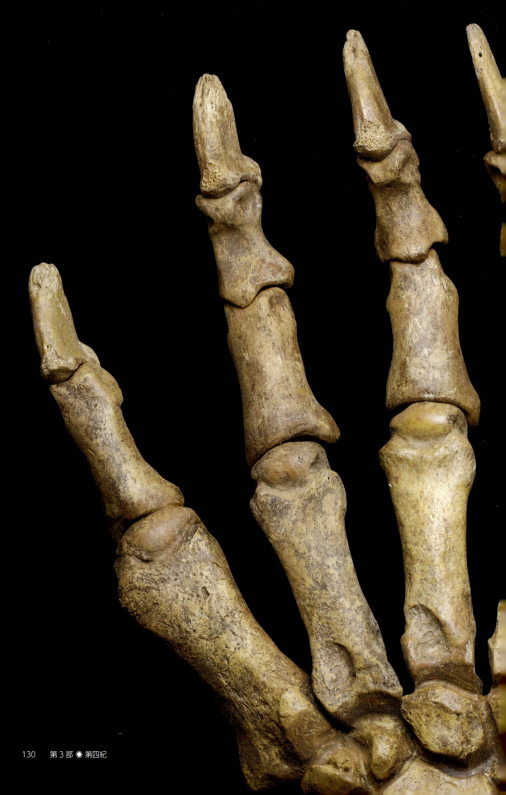

◀▼3-3-20
クマ類
ホラアナグマ
Ursus spelaeus
頭胴長2mに達したとされる、"更新世で最も恐ろしい動物"の一つ。写真は、複数個体のものとみられる化石をつなぎあわせた、手の復元骨格（実寸大）。下は復元図。
（Photo：オフィス ジオパレオント）

▲3-3-21
ルーマニアの「ベア・ケイブ」における一場面。その名の通り、ホラアナグマは洞穴をすみかとして使っていたようである。
(Photo：Horia Vlad Bogdan / Dreamstime.com)

で暮らすようすが目に浮かぶようだ。ルーマニアに限らず、各地の洞窟から多くのホラアナグマの化石が発見されている。ブラウンは、ホラアナグマが住処として、あるいは冬眠場所や出産場所として洞窟を使い、そこで暮らし、死んでいったとしている。

木登りできないナマケモノと、巨大甲羅をもつ哺乳類

　新第三紀末にパナマ地峡が成立すると、それまで独立した大陸であった南アメリカの生態系は一変した。それでもなお、この地には魅力あふれる独自の哺乳類がいた。更新世のそうした哺乳類に関しては、ウルグアイ、レプブリカ大学のリチャード・A・フェリナたちが著した『Megafauna ; Giant beast of Pleistocene South America』（2013年刊行）が詳しい。ここでは、同書のなかで多くのページを割かれている2種を取り上げたい。

　まず、更新世の南アメリカ哺乳類を語るうえで絶対に欠かせないのが、「オオナマケモノ」こと**メガテリウム**（*Megatherium*）である。 3-3-22

「ナマケモノ」といえば、おそらく一般にイメージされるのは、現在の中央アメリカ・南アメリカの森林に暮らすノドチャミユビナマケモノ（*Bradypus variegatus*）だろう。日がな一日、樹木の枝にぶら下がって休息している葉食性の哺乳類だ。「ああやって、ゆっくりと1日を過ごせたらいいだろうなあ」と思ったことがあるのは、おそらく筆者だけではないだろう（まあ、ぶら下がり続けるのは疲れそうだが）。

　しかしメガテリウムは、そんなのどかなナマケモノのイメージとはかけ離れた存在である。全長6m、体重は3〜6t。骨格は全体的にがっしりとしたつくりで、太い尾と後ろ脚を使って立ち上がることができ、両手足には太い爪が発達していた。

　その圧倒的な存在感を味わいたければ、日本国内では徳島県立博物館に行くといい。ホールの中央に組み立てられている全身復元骨格は、360度どの方向からも観察可能であり、しかも通路の上に身を乗り出しているので、その巨体を仰ぎ見ることもできる。

　筆者は次のページに掲載している写真を撮影するために同館を訪ねた。このとき、メガテリウムの全身復元骨格を見た一般の家族連れが、「恐竜みたい」と評するのを聞いた。未知の巨体を「恐竜」と評するのは洋の東西を問わないようで、イギリス、ロンドン自然史博物館のリチャード・フォーティも、著書『生命40億年全史』（2003年刊行）のなかで、同博物館所蔵の標本を「恐竜の骨だろうと早とちりしがちである」と書いている。

　メガテリウムは、科学史的にもそれなりの存在感を示す哺乳類だ。フランスのジョルジュ・キュヴィエが関係しているのである。キュヴィエは、博物学者として後年に名を残す人物で、おそらくその生涯を調べて書き綴れば、1冊の本になる"偉人"だろう。古生物学の黎明期を支えた一人であり、その業績は『種の起源』のチャールズ・ダーウィンや「恐竜の名付け親」のリチャード・オーウェンに勝るとも劣らない。東京医科歯科大学などの講師を勤め、地学史・古生物学史に詳しい矢島道子の著書『化石の記憶』では、とくに脊椎動物を

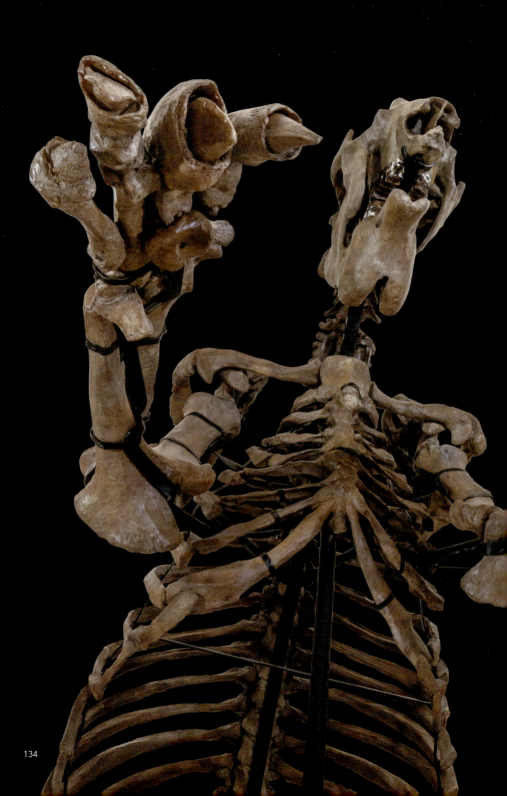

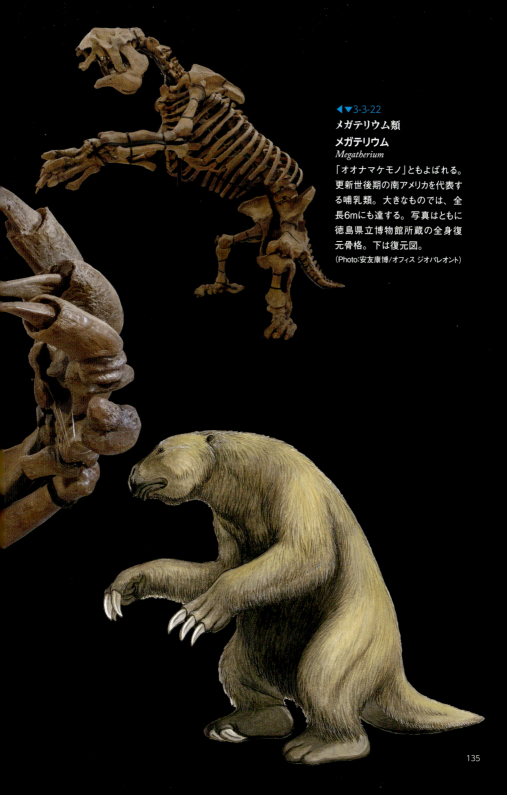

◀▼3-3-22
メガテリウム類
メガテリウム
Megatherium
「オオナマケモノ」ともよばれる。更新世後期の南アメリカを代表する哺乳類。大きなものでは、全長6mにも達する。写真はともに徳島県立博物館所蔵の全身復元骨格。下は復元図。
（Photo：安友康博/オフィス ジオパレオント）

復元するのに欠かせない「比較解剖学の学問的基礎」を築いた人物として紹介されている。

　そんなキュヴィエが1796年に報告したのが、メガテリウムである。この学名には「巨獣」という直接的な意味がある。当時のキュヴィエの興奮を想像するに難くない。『Megafauna ; Giant beast of Pleistocene South America』によれば、メガテリウムに関する論文は、キュヴィエにとっての最初の脊椎動物の論文だったという。

　さて、メガテリウムは最低でも3tをこえるという巨体のもち主である。これまでにこの巨体が樹上性であると考えられたことはないし、おそらくこれからもないだろう。参考までに本項冒頭で紹介したノドチャミユビナマケモノの体重は、重い個体でも5.5kgほどである。

　メガテリウムの食性はもっぱら葉食だったと考えられている。長い腕と爪は樹木の枝をたぐりよせるのに向いているし、その骨格は、より高い枝へのアプローチを可能にする。分類上はアリクイの仲間（有毛類）なので、現生アリクイと同じように長い舌をもっていたかもしれない。

　アルゼンチン、ラ・プラタ博物館のM・スサナ・バルゴは、2001年にメガテリウムの頭骨や歯の動きを解析し、その食性に迫る研究を発表している。この研究で、メガテリウムは食物をすり潰すことは苦手だったことが示された。すなわち、硬かったり、繊維質が強かったりするものは、おもな食料にしていなかったようだ。これは、従来からの「葉食性」という見解と一致する見方だ。一般に樹木の葉は、草よりも柔らかいのである。また、『新版 絶滅哺乳類図鑑』では「時には半乾燥地帯へ進出し、巨大なかぎ爪で地下茎を食べたかもしれない」としている。

　『生命40億年全史』によれば、メガテリウムが1万年前（完新世）まで生きていたのは確実であるという。パタゴニアの洞窟では、毛が残っている干からびた皮膚や、「燃やせる状態の糞」が発見されているというから、じつに生々しい。著者のフォーティは「洞窟にすんでい

▲3-3-23
グリプトドン類
グリプトドン
Glyptodon
全長3mに達するアルマジロの仲間。独特の「背甲」や、やたらとゴツゴツした尾も特徴だ。

たことは明らかである」としている。

　さて、メガテリウムについての話がいささか長くなったが、現生のアルマジロの仲間と祖先を同じくする**グリプトドン**（*Glyptodon*）も紹介しておこう。全長3mの体の大部分を高さ1.5mにおよぶ「背甲」が覆う。3-3-23 その背甲は、ほぼ六角形の小さな骨の板が並んでつくられている。また、カメ類などとちがって、背甲と背骨が一体化していないという特徴があり、本体から背甲をすっぽりと外した状態の標本が展示されている場合も珍しくない。下顎が頑丈であり、強力な筋肉も付着して、しかも一生のび続けるタイプの歯をもっていた。

　グリプトドンは、パナマ地峡を北進した少数派の一つで、『生命40億年全史』のフォーティの言葉を借りるなら、「重い腰を上げて北アメリカに移動し、かの地でかなりの期間に渡って繁栄した動物の一つ」だった。

　なお、グリプトドンには近縁のよく似た種として**パノクトゥス**（*Panochthus*）がいた。3-3-24 前述の徳島県立博物館に本種の標本が展示されており、「性格はおとなしく、旧石器時代人類のかっこうの獲物だったらしい」と解説

137

▲3-3-24
**グリプトドン類
パノクトゥス**
Panochthus
全長3mほどのグリプトドンの仲間。復元骨格(左)と背甲(右)。ともに徳島県立博物館所蔵。
(Photo:安友康博/オフィス ジオパレオント)

されている。……美味しかったのだろうか。

環境変化か、過剰殺戮か

　更新世の終焉が近づくと、ここまでに紹介した巨獣たちは姿を消していく。ケナガマンモスやオオツノジカ、ホラアナグマ、メガテリウム、グリプトドン、そして上巻の第零部第1章で紹介したスミロドンやダイアウルフなどもこのときに姿を消した。今から約1万年前のことである。

　更新世末の巨獣たちの絶滅に関しては、気候の変化に原因を求める仮説と、人類による過剰殺戮(オーバーキル)に原因を求める仮説が従来より注目されている。

　気候の変化に原因を求める仮説は、いわゆる「最終氷期」の終焉に関するものだ。最終氷期が終わり、現在へと続く間氷期の幕が開けると、北半球の高緯度地域を覆っていた氷河は極域へと後退し、気温は5〜7℃も高くなり、海水面は120mも上昇したとされている。

ここまで大きな変化となれば、当然のことながら、植生も変わる。2014年、デンマーク、コペンハーゲン大学のエシュケ・ウィラースレフたちは、北極圏における過去5万年の堆積物に含まれる植物のDNAを分析し、約1万年前を境に北極圏の植生が変化していたことを指摘している。この変化がケナガマンモスたちの衰退を促したのではないか、というわけだ。

　人類による過剰殺戮に関しては、イギリス、ブリストル大学のマイケル・J・ベントンが著書『VERTEBRATE PALAEONTOLOGY』の第4版（2004年刊行）のなかで、「北アメリカにおいてその証拠が顕著である」と言及している。人類が北アメリカに到着した時期と大型哺乳類の絶滅時期が、ほぼ一致するためだ。大型哺乳類を狩るにあたっては、人類側にも当然大きなリスクが発生する。しかし、見事に狩ることができたときの見返りは大きい。1頭の肉で、何人もの飢えを満たすことができる。結果、私たちの祖先は、大型哺乳類を「狩り尽くしてしまった」というわけである。

　こういう研究もある。ドイツ、マックス・プランク進化人類学研究所のマシアス・スティラーたちは、DNAの分析にもとづいて、ホラアナグマの個体数の減少が約2万5000年前から始まっていたという研究を2010年に発表している。スティラーたちは、この1万年以上かけてのゆるやかな数の減少の背景には、気候の変化と人類による狩りの両方の影響があったとしたうえで、たとえば、「洞窟」という"居住空間"を人類がホラアナグマから奪ったなどの「複雑な要因」も、ホラアナグマの絶滅に影響を与えたのではないか、としている。

　結局のところ、更新世末の大量絶滅の原因については、結論が出ていないというのが現状だ。多くの研究者にとって納得のいく回答が出るのは、まだしばらく先のようである。

第3部　第四紀

4 続・孤高の大陸の哺乳類

1936年まで生存

　第2部第3章において、オーストラリアを代表する化石産地、リバースレーを簡単に紹介した。リバースレーにおける250超の発掘サイトには、第四紀のものも多数含まれている。本章では、そうしたリバースレー産の化石も含めたオーストラリア全体の第四紀の動物相から、その代表種を紹介していくことにしよう。第2部第3章で主軸に置いた『AUSTRALIA'S LOST WORLD』を本章でも参考資料としつつ、ウエスト・オーストラリア博物館のジョン・ロングたちが著した『PREHISTORIC MAMMALS of Australia and New Guinea』やイギリス、ブリストル大学のマイケル・J・ベントンの『VERTEBRATE PALAEONTOLOGY』、国立科学博物館の冨田幸光の『新版 絶滅哺乳類図鑑』、そして学術論文なども資料に加えながら情報をまとめていく。

　まずは、**ティラコレオ**（*Thylacoleo*）だ。3-4-1 鮮新世前期から更新世後期、すなわち新第三紀と第四紀の境界を挟んでその前後の時代に生息していた有袋類である。第2部第3章で紹介したプリシレオの仲間（フクロライオン）で、プリシレオと同じく「切歯の牙」をもっていた。見た目は現生のヒョウのような姿をしているが、頭胴長は約1.3mであり、ヒョウと比べるとかなりの小柄である（ヒョウの頭胴長は1.8m）。それでも、当時のオーストラリアにおいて最大級の肉食有袋類だった。

　ティラコレオの歯は「切歯の牙」のほかに、前臼歯の形も独特だ。前後に薄くのび、まるで刃のような形をしている。四肢ががっしりとしていることも特徴の一つであり、こうしたさまざまな点は本種が優れた肉食性であったことを示唆している。

▲▼3-4-1
有袋類
ティラコレオ
Thylacoleo

フクロライオンの仲間。頭胴長1.3mと比較的小柄である。上は復元された頭骨。独特な形の臼歯に注目されたい。下は復元図。
(Photo：AMY TOENSING/National Geographic Creative)

▶3-4-2
有袋類
ティラキヌス・キノケファルス
Thylacinus cynocephalus
フクロオオカミの仲間。頭胴長1mと比較的小柄である。

次に紹介しておきたいのは、**ティラキヌス・キノケファルス**(*Thylacinus cynocephalus*)だ。 3-4-2 第2部第3章で紹介したニンバキヌスの仲間で頭胴長1mほど。「フクロオオカミ」の和名でも知られており、「タスマニア・タイガー」あるいは「タスマニア・ウルフ」ともよばれる。更新世に出現した種で、オーストラリアでは3000年前に絶滅したが、タスマニアでは1936年まで生きていた。西オーストラリアの洞窟からは、5000年前の本種のミイラが発見されており、1936年まで生きていた個体と同じような縞模様が背中にあったことが確認されている。ティラキヌス属そのものは、中新世の地層から化石の産出記録がある。

巨大ウォンバットと、大陸最大級哺乳類

現在のオーストラリアやタスマニアには、「ウォンバット」とよばれる有袋類がいる。そのシルエットだけでは齧歯類のネズミと似ているといえなくもないが、頭胴長が1m前後とネズミよりもはるかに大きな体をもつ。短い耳と毛のない鼻が特徴のヒメウォンバット(*Vombatus ursinus*)、長い耳で毛のある鼻が特徴のミナミケバナウォンバット(*Lasiorhinus latifrons*)などがいる。彼らは「穴掘り名人」としても知られており、複数匹が共同生活を送ることができるような、長くて大きな巣穴を掘る。

◀3-4-3
有袋類
ファスコロヌス・ギガス
Phascolonus gigas
「ジャイアント・ウォンバット」ともよばれる。体重が現生ウォンバットの5倍あった。

　現生ウォンバットの1m前後というサイズは、「ネズミに似た動物」としてはかなりの存在感である。しかし、更新世のウォンバットは、さらに大きかったようだ。

　学名を**ファスコロヌス・ギガス**（*Phascolonus gigas*）という。3-4-3 「ジャイアント・ウォンバット」の名でも知られている。そのサイズは頭胴長1.6mに達するという巨体である。頭骨だけでも40cm、肩高はなんと1m、体重は200kgというから凄まじい。ちなみに上に挙げた2種の現生ウォンバットのうちで大きい種はヒメウォンバットであり、その大きな個体で体重は約40kgである。ジャイアント・ウォンバットはその5倍の重さということになる。巨体ということもあり、複数の資料で「現生ウォンバットのように穴を掘ることはできなかっただろう」と指摘されている。

　そして、ジャイアント・ウォンバットを大きく上回る有袋類が**ディプロトドン**（*Diprotodon*）だ。3-4-4 更新世のオーストラリアにおける最大級の哺乳類であり、頭骨だけでも70cm、頭胴長3m、肩高は2mに達した。現在の北アメリカに暮らすアメリカバイソン（*Bison bison*：いわゆる「バッファロー」）とほぼ同じ大きさである。平たくのびた切歯が特徴的だ。短いけれどもがっしりとした力

▲▼3.4.4
有袋類
ディプロトドン
Diprotodon
頭胴長3m。更新世のオーストラリアにおける最大級の哺乳類。上は全身復元骨格。下は復元図。
(Photo : Michelle McFarlane / Museum Victoria 2003)

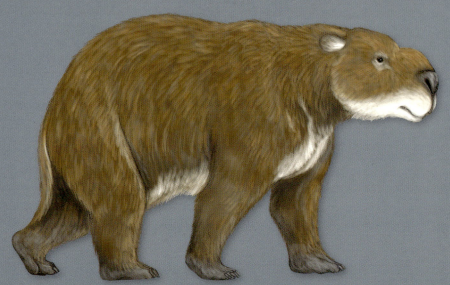

強い四肢をもち、地面を掘り起こして食べ物を探していたと考えられている。当時のオーストラリアでおおいに繁栄し、数百を数える発掘サイトから化石が発見されている。第2部第3章で紹介したネオヘロス(▶P.70)の属する「ディプロトドン類」の代表種である。『VERTEBRATE PALAEONTOLOGY』では、ディプロトドン類の一部は完新世まで生き延びていたものの、その後オーストラリア先住民によって狩り尽くされた可能性のあることが指摘されている。

"ジャンプ"ができないカンガルー

「オーストラリアといえば、カンガルー」。そんなイメージをおもちの読者も多いのではなかろうか。カンガルーの仲間は現在のオーストラリアにおいてたいへん繁栄している有袋類で、なかでもアカカンガルーは100頭近い群れを作ることもある。

アカカンガルーは、現生カンガルーのなかで最も大きく成長する種の一つである。大きな個体は身長約140cm、体重約85kgにまで成長するという。よく知られているように、長い後ろ脚を使って跳ねて移動するという珍しい運動方式を採用しており、その移動速度は時速50kmをこえることもあるという。なかなかの俊足である。

そもそもカンガルーの仲間は、古第三紀の最後の時代であった漸新世に出現し、その後、順調に繁栄の道を歩んできた。第2部第3章で紹介したリバースレーのエカルタデタ(▶P.69)はそうしたカンガルーの一つであり、すでにこの時点でアカカンガルーと同等か、それ以上のサイズをもっていた。

そして、第四紀更新世。ジャイアント・ウォンバットやディプロトドンなどの大型種が出現した時代に、カンガルーの仲間にも大きな体をもつものが現れた。その名を**プロコプトドン**(*Procoptodon*)という。[3-4-5] その化石はオーストラリアの複数の地域から発見されており、復元されたその身長はじつに3m、体重は240kgに達する

▶ 3-4-5

有袋類
プロコプトドン
Procoptodon

身長3m。カンガルーの仲間だが、現生種のような跳躍はできなかった。

と見積もられている。身長でみれば、アカカンガルーの2倍超であり、「高さ」という点でみれば、同じ更新世の大型有袋類であるディプロトドンの背中にジャイアントウォンバットを載せたときとほぼ同じである。日本の一般的な住宅でいえば、天井を突き破る高さだ。また、体重に注目すれば、アカカンガルーの約3倍という巨漢である。

現生カンガルーの吻部が長いことに対し、プロコプトドンの吻部は短く、寸詰まりである。また、プロコプトドンの眼は正面を向いている。おそらく顔だけを見て、この動物がカンガルーの仲間であると見分けるのは至難の業だろう。

圧倒的な巨体だけに、プロコプトドンは現生カンガルーのような「跳ねる移動」ができたのかどうか、かねてより議論があった。

2014年、アメリカ、ブラウン大学のクリスティン・M・ジャニスたちは、プロコプトドンやその近縁種の骨の特徴を細部まで分析し、現生カンガルーの骨と比較することで、プロコプトドンたちが「跳ねる移動」ができたのかを調査した研究を発表した。この研究によれば、プロコプトドンたちの骨には「跳ねて素早く移動する」ためのさまざまな特徴が欠けていたとのことである。すなわち、彼らは現生カンガルーのような軽快な動きはできなかった可能性が高い。

　では、彼らはどのように移動していたのか？　ジャニスたちの研究では、小さな個体や幼体のときは「跳ねる移動」ができたことは否定されないものの、成長した大型の個体は、上半身を立てたまま（つまり、直立の姿勢で）、二足歩行をしていたと指摘されている。歩くときも走るときも、である。もっとも、ジャニスたちは「カンガルーの仲間において、"跳ねない二足歩行"は珍しいものではない」と指摘しており、「現生のキノボリカンガルーの仲間もごくたまにやることだ」としている。

　しかしキノボリカンガルーの仲間は、たとえばカオグロキノボリカンガルー（*Dendrolagus lumholtzi*）の身長が約60cm、体重が10kgと愛らしいサイズである。

　想像してみてほしい。身長3m、体重240kgの巨体が、上半身を立てたまま走ってくるのだ。ちょっとした恐怖を感じてしまうのは、筆者だけだろうか……。

衰退する有袋類

　やがて、オーストラリアにおいても、哺乳類の滅びの時期がやってきた。前章で触れたように、約1万年前になると、ほかの大陸では、ケナガマンモスやスミロドンたちが次々に姿を消していった。この絶滅に関しては、気候変化に原因を求める説と、人類による過剰殺戮説、気候変化と過剰殺戮の両方が原因とする説があることは、すでに前章で述べた通りである。

　独立した大陸のオーストラリアでも、哺乳類の絶滅が進んだ。オーストラリアでは、フクロライオンやフクロ

オオカミの仲間、ウォンバットやカンガルーの仲間、プロコプトドン類など、合計で20属をこえる有袋類が姿を消していった。

アメリカ、カリフォルニア大学のポール・L・コックと、アンソニー・D・バーノスキーは、2006年に第四紀の大量絶滅についての情報をまとめた論文を発表している。この研究によれば、オーストラリアにおける大型哺乳類（ここでは、体重44kg以上の動物）の絶滅率は88%に達するという。これはほかの大陸と比較して最も高い数値であり、2番目に高い南アメリカの絶滅率を5%上回り、最も低いアフリカの絶滅率の4倍をこえた値になる。

彼らのまとめによれば、オーストラリアに人類が到着したのが約7万2000〜4万4000年前であり、その時期に大型動物の絶滅が集中しているという。オーストラリアにおける気候の変化は、当時まだ始まっておらず、それゆえにオーストラリアにおける大型哺乳類の絶滅原因は、人類によるものだとされた。なお、この研究では、ヨーロッパにおける大型哺乳類の絶滅の原因はほぼ気候変動であり、北アメリカでは気候変動と人類の到着の両方が挙げられ、アフリカと南アメリカは「データが不十分」と指摘されている。

ただし、ほかの大陸における議論と同じように、オーストラリアにおいても、どうにも「これで決定」というわけではないようだ。

オーストラリア、ニューサウスウェールズ大学のステファン・ローたちは、2013年に発表した論文で、人類の関与の可能性を指摘しつつも、それだけで絶滅を説明するのは不十分であるとの論文を発表している。ローたちは、人類がニューギニアやオーストラリアなどに到着したのは、約5万〜4万5000年前であるとし（コックとバーノスキーの値よりも幅が狭い）、その前から多くの種が姿を消していたと指摘した。絶滅が始まったころに人類がまだ到着していなかったというのであれば、大量絶滅には気候の変化が重要な役割を果たしていた可能性がある。このように、「人類の到着」をいつとみるのかで、解釈が分かれているのである。

オーストラリアにおける有袋類の絶滅は、今なお進行中だ。『PREHISTORIC MAMMALS of Australia and New Guinea』では、有袋類の絶滅が「予測し得ないスケール」で進みつつある旨が指摘されている。典型例は、人類が連れてきたとみられているディンゴ（*Canis lupus dingo*）による絶滅の危惧である。「*Canis lupus*」という学名が意味するように、ディンゴはイヌ類である。そのディンゴの獲物の一つとしてカンガルー類が挙げられている。もともとオーストラリアにいなかった肉食性の有胎盤類が野生化し、オーストラリアで進化を紡いできた有袋類を襲っているのだ。数年後には、姿の見られなくなる有袋類もいるかもしれない。生命史の物語は、今まさに、目の前で綴られているのである。

第3部　第四紀

エピローグ

人類へ

　エディアカラ紀から数えること13の地質時代、約6億年の歳月を経て、シリーズの終幕である。最後に紹介する生物は、私たち「ヒト」だ。

　「ヒト」こと「現生人類」は、学名を「ホモ・サピエンス（*Homo sapiens*）」という。エディアカラ紀以降の動物史において、おそらく最も繁栄した（している）種である。この地上のあらゆる場所に生息し、地上どころか、巨大な船で世界中を航海しながら海の上を"生息場所"とする人々も、潜水艦で海中に暮らす人々も、航空機で空を飛び回る人々もいる。地上から約400km上空には、国際宇宙ステーション（ISS）が建設され、研究者たちが各種の実験や観測を行いながら生活している。そう遠くない将来、月や火星に人類が生活圏を築く時代が来るかもしれないし、SF映画並みに、太陽系を脱する時期だってくるかもしれない。これまでに紹介してきたさまざまな生物のなかに、ここまでの繁栄とさらなる可能性を見いだせた種は存在しない。

　しかし歴史を逆にたどれば、ホモ属には私たちホモ・サピエンス以外にも複数の種がいたし、人類こと「ヒト科」には、ホモ属以外の複数の属がいた。

　そもそも人類は、霊長類のなかの、直鼻猿類という仲間の内の1グループである。本書ではいくつもの哺乳類の栄枯盛衰を綴ってきたが、じつは霊長類はそのなかでも「最古参のグループ」の一つだ。これまでに知られている限り、最古の霊長類は遅くとも「哺乳類の第一次適応放散」（古第三紀暁新世：上巻の第1部第6章参照）の前にはすでに出現していたのである。しかも、その後の第二次適応放散で台頭したグループと入れ替わることなく代を重ねた。

◀ E-1

霊長類
アーキセブス
Archicebus
初期霊長類の一つ。次ページに化石標本。

　霊長類には、ほかの哺乳類にはない特徴が二つある。一つは「前を向いた両眼」であり、もう一つは「ものをつかむことができる手足」である。このどちらかだけであればそなえていた哺乳類はほかにもいるが、両方をそなえたグループはほかにない。
　前を向いた両眼は立体視を可能にし、獲物となる昆虫や果実までの距離感を正確に把握できる。3次元的な移動が必要となる樹上生活においては、枝と枝の距離を把握できることも大きかっただろう。「ものをつかむことのできる手足」も、やはり樹上生活をするうえで優位に働いたとみられている。「樹上」という空間は、古来よりほぼ霊長類たちの独壇場だった。
　2013年に中国科学院の倪喜軍（ニーシージュン）たちが中国湖北省の約5500万年前（古第三紀始新世初期）の地層から報告した**アーキセブス・アキレス**（*Archicebus achilles*）は、初期霊長類のなかの一つであり、知られているかぎり直鼻猿類として最古の存在でもある。 E-1 頭部と後半身がほぼ丸ごと残り、その保存率は初期霊長類の化石としてはかなり良いものだ。その意味では「最も古く、優れた標本」ともいえる。推測される身長はわずか7cm、体重は20〜30g。この体重の値は500円玉3〜4枚分だ。

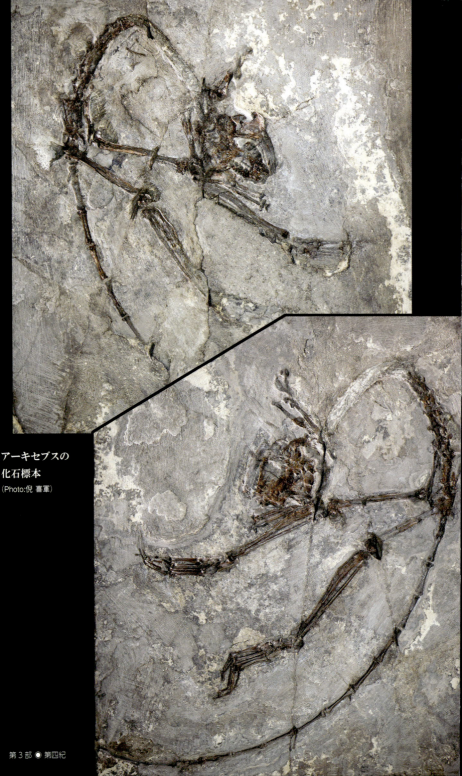

アーキセブスの
化石標本
(Photo:倪 喜軍)

アーキセブスは、現生の夜行性の直鼻猿類ほど眼が発達していなかったことが、頭骨の分析によって明らかになっている。そのため、昼行性だったと推察されている。歯の形状から予想される食性は、虫食性だ。果実も食べたかもしれない。後ろ脚の分析からは、樹上で生活し、枝から枝へと飛び移るように移動していたことが示唆された。なお、アーキセブス自身は直鼻猿類のなかでもメガネザルなどの系統に分類され、現生人類などの属する系統とは連続しない。

　その後、直鼻猿類は大型化と多様化の道を邁進し、約700万年前、新第三紀中新世末になってついに"最初の人類"が登場した。

始まりの人類

　人類の進化に関しては、いくつもの良書が出版されている。ここではそのなかから情報が視覚的によくまとまった『人類の進化大図鑑』（アリス・ロバーツ編著、原

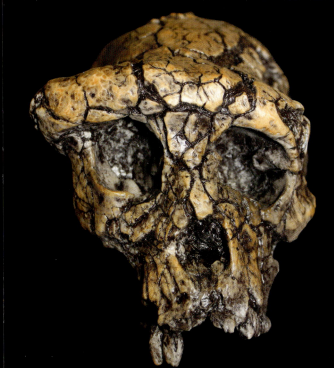

◀E-2
人類（ヒト科）
サヘラントロプス
Sahelanthropus
知られている限り最古の人類。この化石をもってして、人類の歴史を「700万年」と称する。標本の高さは約8cm。チャドの現地語で「生命の希望」を意味する「トゥーマイ」の愛称がつけられている。詳細は次ページにて。
（Photo：Sabena Jane Blackbird / Alamy Stock Photo）

著は2011年、邦訳版は2012年刊行）と、アメリカ、ハーバード大学のダニエル・E・リーバーマンの『人体600万年史』（原著は2013年、邦訳版は2015年刊行）を主な参考資料としながら、文を進めていこう。

知られている限り最古の人類の学名を**サヘラントロプス・チャデンシス**(*Sahelanthropus tchadensis*) という。 E-2 アフリカ中央部のチャドで発見された化石で、年代は約720万〜600万年前（中新世後期）のものとされる。ほぼ完全な頭骨化石といくつかの部分化石が見つかっている。頭骨をよく見ると、眼窩の上に盛り上がりがあり、脳の大きさは現生のチンパンジー (*Pan*) と同等とされる。化石の未発見部分が多いため、身長などについては謎だ。

次に古い人類は、ケニアで発見されているオロリン・トゥゲネンシス(*Orrorin tugenensis*)で、約620万〜560万年前（中新世末期）の化石とされる。この種はサヘラントロプス以上に発見部位が少なく、年代以外の情報はほとんど謎に包まれている。

その次がエチオピアのアルディピテクス・カダバ(*Ardipithecus kadabba*)だ。その年代は約580万〜520万年前とされるから、中新世と鮮新世の境界付近に相当する。オロリンと同じく、部分化石しか発見されていないため、全貌はよくわかっていない。

こうした最初期の人類のなかで、最も多くの情報をもっているのが、**アルディピテクス・ラミダス**(*Ardipithecus ramidus*) である。 E-3 カダバと同じアルディピテクス属であり、同じくエチオピアから化石が見つかっているが、こちらの方がやや新しく、その年代は約450万〜430万年前とされる。鮮新世の前期だ。1994年に発見された「ARA-VP-6/500」という標本番号をもつアルディピテクス・ラミダスは、全身の多くの部分が残っており、身長1.2m、体重50kgの女性であるとみられている。この個体には「アルディ」という愛称が与えられている。

リーバーマンは著書のなかで、サヘラントロプス以下の4種の化石が「人類の最初期の様相を具体的に垣間見せる」と書いている。そして、その具体的な様相とは、

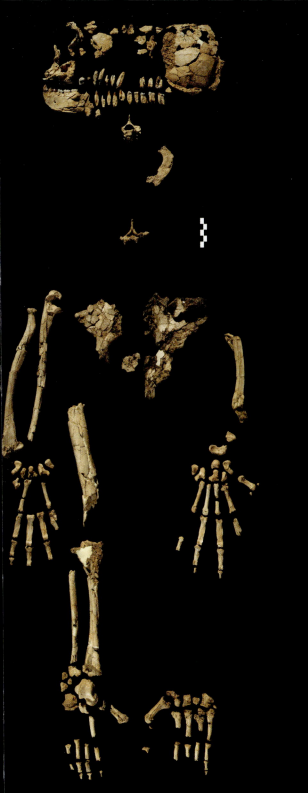

◀E-3

人類(ヒト科)
アルディピテクス・ラミダス
Ardipithecus ramidus

標本番号ARA-VP-6/500、通称「アルディ」の化石。全身の多くが残り、最初期の人類のなかで最も多くの情報をもつ。推定身長は、女性で1.2mほど。

(Photo : Tim D. White 2009, humanoriginsphotos.com)

「総じて類人猿と似ているという、当たり前のような発見」であると続けている。

類人猿、つまり、ゴリラ（*Gorilla*）やチンパンジーは、人類にとって最も近縁な存在である。初期人類は頭蓋骨の形状や腕、手、脚について、類人猿と多くの共通点をもっていた。サヘラントロプス以下の4種が「（類人猿ではなく）正真正銘の人類」である理由として、リーバーマンは「直立二足歩行に適応した兆候がある」ことを挙げている。アルディの分析からは、樹上生活にも適応していたことが示唆されているが、それでも骨盤などに「直立二足歩行の兆候」が確認されている。

初期人類が直立二足歩行への進化の兆しをみせていた鮮新世という時代は、北アメリカに剣歯虎の代表であるスミロドンが登場し、「ボーン・クラッシャー」の異名をもつイヌ類のボロファグス（*Borophagus*）が最繁栄期を迎えていた時期である。南アメリカでは恐鳥類のララワヴィスが登場し、のちに日本列島が誕生する太平洋北西海域にはタカハシホタテが生息し、世界の海ではメガロドンが栄え、空には骨質歯鳥類が飛んでいた。アフリカには、かぎづめをもつ奇蹄類カリコテリウムがいた。そんな時代だ。

ルーシー。そして、ホモ属へ

人類の進化史を語るうえで絶対に欠かすことのできない種が、タンザニア、エチオピア、ケニアなどで発見されている**アウストラロピテクス・アファレンシス**（*Australopithecus afarensis*）だ。E-4 約370万〜300万年前（鮮新世前期）に生息していた人類で、エチオピアの約320万年前の地層から発見された少女の骨格標本、「AL-288-1」という標本番号をもつ「ルーシー」が有名である。ちなみに、「ルーシー」という愛称は、発掘現場でビートルズの「Lucy in the Sky with Diamonds」が流れていたことに由来する。

ルーシーは身長1mほど、体重30kg弱と推測されている。この身長は、日本の5歳児の平均を下回り、体重は、

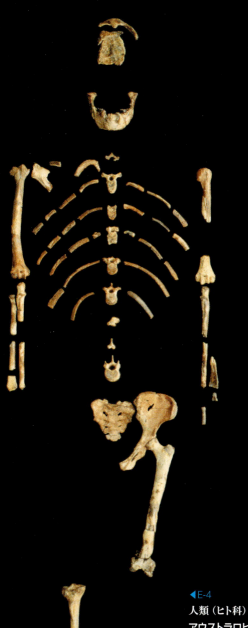

◀E-4
人類（ヒト科）
アウストラロピテクス・アファレンシス
Australopithecus afarensis
標本番号AL-288-1。通称「ルーシー」の化石。推定身長は1mほど。
(Photo：David L. Brill, humanoriginsphotos.com)

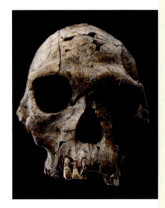

▲E-5
人類（ヒト科ホモ属）
ホモ・ハビリス
Homo habilis
知られている限り最古のホモ属。標本番号KNM-ER1813。成人の頭骨であるとされる。ただし、男性のものか、女性のものかはよくわかっていない。
（Photo：1985 David L. Brill, humanoriginsphotos.com）

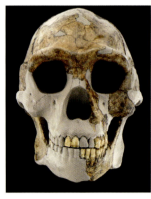

▲E-6
類（ヒト科ホモ属）
ホモ・エレクトゥス
Homo erectus
初期ホモ属のなかで最重要とされる種。写真は、頭骨の模型。成人男性のものとされる。
（Photo：1996 David L. Brill, humanoriginsphotos.com）

小学校中学年の平均値に近い。

もっとも、ルーシーはアウストラロピテクス・アファレンシスとしては小柄な方だ。種としては、身長1.5mほど、体重40kg超の個体もいたという。こちらは身長・体重ともに日本の小学6年生〜中学1年生の平均値に相当する。ただし、アウストラロピテクスの姿かたちは、リーバーマンによれば、「直立した類人猿」といった印象で、その体格は私たち現生人類よりもチンパンジーに近いとされる。

しかし、アウストラロピテクスは、多くの点でチンパンジーとは異なっている。リーバーマンはそのちがいの筆頭として「咀嚼の達人となるべく果たされた数々の適応」、すなわち大きな歯、がっしりした顎、大きく張り出した頬骨、そしておそらく発達していた咀嚼筋などを挙げる。リーバーマンによれば、地球の気候が日々寒冷化・乾燥化に向かっていた当時、こうした特徴が、歯ごたえのある塊茎などを食べることを可能にしたという。すなわち、「食」の面で、草原などの開けた場所にも適応できたのだ。

また、リーバーマンは「注目すべきもう一つの特徴」として、「足のつくり」を挙げる。幅広の腰、土踏まずのある足、同じ方向を向いて並ぶ足の親指など、アルディたちと比べると、「ずいぶん人間らしく」なっていた。

森林の樹上暮らしをやめ、二足歩行を常とし、草原での暮らしに対応しはじめた。それが、アウストラロピテクスなのである。

そして、おそらく今から約230万年前までに、最初のホモ属が出現した。私たちと同じ属の登場である。今のところ最古のホモ属は、南アフリカやエチオピアから化石が発見されている**ホモ・ハビリス**（*Homo habilis*）E-5だ。また、「最古」ではないが、初期のホモ属のなかで「最も重要」とされる種が、190万年前のアフリカに出現し、世界中に拡散した**ホモ・エレクトゥス**（*Homo erectus*）E-6である。リーバーマンは、この2種について「まずは、ホモ・ハビリスにおいて脳がやや大きくなり、鼻

面が突き出さなくなった。そして、ホモ・エレクトゥスにおいて、はるかに現生人類の形状に近い脚と足と腕が進化し、あわせて小さな歯とそれなりに大きな脳という特徴がそなわった」と書く。「人間らしい身体の起源」が、ホモ・エレクトゥスというのである。

その後、ホモ属には多くの種が出現し、栄枯盛衰を繰り広げてきた。代表的なホモ属に**ホモ・ネアンデルターレンシス**(*Homo neanderthalensis*)がいる。E-7 いわゆる「ネアンデルタール人」である。ネアンデルタール人は、ヨーロッパから中東にかけて分布していた人類で、生息していた時代と範囲は現生人類と重なっていた。

現生人類ことホモ・サピエンスは、遅くとも約20万年前のエチオピアに出現した。私たちの直接の祖先は、のちにアフリカを出てネアンデルタール人と交流し（近年では、両種が交雑していたことを多くの研究が指摘している）、世界中に拡散していく。ときにはケナガマンモスなどを狩り、利用しながら、"時代の覇者"としての道を驀進していく。

「ヒトの歴史物語」の始まりだ。

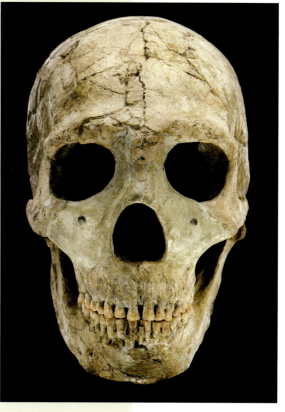

▲E-7
人類（ヒト科ホモ属）
ホモ・ネアンデルターレンシス
Homo neanderthalensis
いわゆる「ネアンデルタール人」。写真は、イスラエルのアムド洞窟で発見された頭骨で、約5万〜4万年前のものとされる。ネアンデルタール人のものとしては比較的新しい。
（Photo：1995 David L. Brill, humanoriginsphotos.com）

おわりに

　魅惑的な古生物たちの世界。
　「いったいナニモノなんだ？」と知的好奇心をくすぐり、「もっと知りたい」と知的探究心をよび起こし、そして何よりもシンプルに「ワクワク」させるオモシロさ。
　シリーズ本編全10巻。これにて終幕です。
　6億年の生命物語をお楽しみいただけましたでしょうか？
　この企画がスタートしたのは、2012年10月3日のこと。きっかけは、私のもとに届いた1通のメールでした。メールの送り主は、技術評論社編集部の大倉誠二さん。そのメールには、本シリーズの企画骨子と、その執筆を依頼したい旨が記されていました。
　当時、私は私で2012年の1月ごろから時間を見つけては、カンブリア紀に関する書籍用の原稿を書き進めていました。どこかの出版社に持ちこもうと思っていたところに、まさに絶妙のタイミングで大倉さんからメールが届いたのです。
　そこから打ち合わせを重ね、スタッフが加わり、デザインが確定し、第1巻である『エディアカラ紀・カンブリア紀の生物』と、第2巻である『オルドビス紀・シルル紀の生物』が刊行されたのが、2013年11月のことです。以来2年8か月をかけて、全10巻を上梓することができました。
　おかげさまで現在、本シリーズは「古生物の黒い本」という愛称が定着し、あちこちで「黒い本を読んだよ」「黒い本、次はいつ出るの？」というお言葉をいただくまでになりました。
　そうしたみなさんのお言葉の一つ一つが、スタッフのモチベーションを高める原動力となりました。スタッフ全員がとても楽しんで制作にあたることができたのは、何よりも読者のみなさんのおかげです。
　本当に、本当に、ありがとうございます。
　ここで、シリーズを通して本書を監修してくださった群馬県立自然史博物館のみなさんを、名前だけご紹介させてください。長谷川善和名誉館長、藤巻敦館長、岩井利信学

芸係長、髙梨祐司学芸係主幹、木村敏之学芸係主幹、茂木誠学芸係主幹、菅原久誠学芸係主任。また、この刊行期間中に転出された方々で、斉藤雅文元館長をはじめ、三田照芳さん、金井英男さん、杉山直人さん、田中源吾さん。これまで各巻の「はじめに」で「群馬県立自然史博物館のみなさま」と一言で紹介させていただいておりました。その一言のなかには、じつはこれほど多くのみなさんのご尽力がありました。お忙しいなか、本当に細部までご協力いただきました。シリーズの最後になってしまいましたが、改めてお礼申し上げます。

　もちろん、各巻の「はじめに」で紹介させていただいた研究者のみなさまや、各地の博物館のみなさま、国内外の画像提供者のみなさまにも、制作スタッフを代表しまして、重ねてお礼申し上げます。みなさまのご協力がなければ、このシリーズは終幕までたどり着けなかったと思います。

　古生物の世界は"広大にして深淵"です。このシリーズで紹介しそびれてしまったコもたくさんいます。そして、シリーズ刊行から今日までの2年8か月の間にも、いくつもの魅力的なコたちが新たに発見されています。

　ぜひ今後とも、読者のみなさまにはこの世界にご注目いただければと思います。そう、手はじめに、次の休日は本書を片手にお近くの博物館へ、なんていかがでしょうか？

　そして、みなさんのご家族に、ご友人に、ぜひ、古生物たちが紡ぎだす「オモシロさ」の"布教"をお願いします！

　なお、シリーズ本編はこれで終わりですが、シリーズの"番外編"として、編集部とある企画を進めています。もう少し、お付き合いください。

2016年7月
制作スタッフを代表して
土屋 健

もっと詳しく知りたい読者のための参考資料

本書を執筆するにあたり、とくに参考にした主要な文献は次の通り。なお、邦訳があるものに関しては、一般に入手しやすい邦訳版を挙げた。また、webサイトに関しては、専門の研究機関もしくは研究者、それに類する組織・個人が運営しているものを参考とした。Webサイトの情報は、あくまでも執筆時点での参考情報であることに注意。

※本書に登場する年代値は、とくに断りのない限り、
  International Commission on Stratigraphy, 2012, INTERNATIONAL STRATIGRAPHIC CHARTを使用している

【第2部 第1章】
《一般書籍》
『化石図鑑』著：利光誠一、中島 礼、2011年刊行、誠文堂新光社
『古生物学事典 第2版』編：日本古生物学会、2010年刊行、朝倉書店
『コンサイス外国地名事典 第3版』監修：谷岡武雄、編：三省堂編修所、1998年刊行、三省堂
『小学館の図鑑 NEO［新版］鳥』監修：上田恵介、指導・執筆：柚木 修、画：水谷高英ほか、2015年刊行、小学館
『小学館の図鑑 NEO 水の生物』指導・執筆：白山義久ほか、撮影：松沢陽士、楚山いさむほか、2005年刊行、小学館
『生命と地球の進化アトラス3』著：イアン・ジェンキンス、2004年刊行、朝倉書店
『世界サメ図鑑』著：スティーブ・パーカー、2010年刊行、ネコ・パブリッシング
『脊椎動物の進化 原著第5版』著：エドウィン・H・コルバート、マイケル・モラレス、イーライ・C・ミンコフ、2004年刊行、築地書館
『Newton別冊 生命史35億年の大事件ファイル』2010年刊行、ニュートンプレス
『After the Dinosaurs』著：Donald R. Prothero、2006年刊行、Indiana University Press
『Earth before the Dinosaurs』著：Sébastien Steyer、2012年刊行、Indiana University Press
『Great White Sharks』編：A. Peter Klimley、David G. Ainley、1998年刊行、ACADEMIC PRESS
『Handbook of Paleoichthyology Volume 3E』著：Henri Cappetta、編：H-P. Schultze、2012年刊行、Verlag Dr. Friedrich Pfeil
『Living Dinosaurs』編：Gareth Dyke、Gary Kaiser、2011年刊行、WILEY Blackwell
『Vertebrate Palaeontology FOURTH EDITION』著：Micael J. Benton、2015年刊行、WILEY Blackwell
《特別展図録》
『開館10周年記念特別展 よみがえる太古の巨大ザメ』1991年刊行、埼玉県立自然の博物館
『第53回企画展 恐竜発掘—過去からよみがえる巨大動物—』2011年～2012年、ミュージアムパーク茨城県自然博物館
『第59回企画展 ジオ・トラベル in いばらき—5億年の大地をめぐる旅—』2013年～2014年、ミュージアムパーク茨城県自然博物館
『平成19年度特別展 よみがえる化石動物』2007年、埼玉県立自然の博物館
《WEBサイト》
貸切バスのサイズ比較、貸切バスの旅、http://www.bus-tabi.jp/kinds/size.html
化石からわかること2 絶滅種タカサゴホタテの分布から過去の気候変動を探る、産業技術総合研究所 地質調査総合センター、
　　https://www.gsj.jp/data/openfile/no0427/pl_9.pdf
生活圏を越えて大進化〜空と海への進出、大石雅之、2005年、岩手県立博物館だより No.105、
　　http://www2.pref.iwate.jp/~hp0910/tayori/105p6.pdf
瑞浪市化石博物館 古生物データベース、http://www2.city.mizunami.gifu.jp/mizunami/dbtop.html
New species of 'terror bird' discovered、Sid Perkins、2015年4月9日、Scinece、
　　http://news.sciencemag.org/paleontology/2015/04/new-species-terror-bird-discovered
Osteodontornis sp.、京都大学 大学院 理学研究科 地球惑星科学専攻 地質学鉱物学分野 地球生物圏史分科ギャラリー、
　　http://www.kueps.kyoto-u.ac.jp/~web-bs/bs/gallery/osteo.html
(19)キバウミニナ、自然しらべ、2012年、SCIENCE CHANNEL、科学技術振興機構、
　　http://sciencechannel.jst.go.jp/X120003/detail/X120003019.html
《プレスリリース》
Exceptionally preserved fossil gives voice to ancient terror bird、2015年4月9日、Society of Vertebrate Paleontology
Stony Brook University Professor Shows Re-Evolution Of Lost Teeth In Frogs After More Than 200 Million Years、2011年2月7日、Stony Brook University
《学術論文》
上野輝彌、坂本 治、関根浩史、1989、埼玉県小鹿野町中新統産出カルカロドン・メガロドンの同一個体に属する歯群、埼玉県立自然史博物館研究報告、第7号、p73-85
中島 礼、2007、タカハシホタテっていったいどんな生物？、化石、第81号、p90-98
Catalina Pimiento, Christopher F. Clements, 2014, When Did *Carcharocles megalodon* Become Extinct? A New Analysis of the Fossil Record, PLoS ONE, 9(10): e111086. doi:10.1371/journal.pone.0111086
Federico J. Degrange, Claudia P. Tambussi, Matias L. Taglioretti, Alejandro Dondas, Fernando Scaglia, 2015, A new Mesembriornithinae (Aves, Phorusrhacidae) provides new insights into the phylogeny and sensory capabilities of terror birds, Journal of Vertebrate Paleontology, 35:2, e912656, DOI: 10.1080/02724634.2014.912656
John J. Wiens, 2011, Re-evolution of lost mandibular teeth in frogs after more than 200 million years, and re-evaluating Dollo's law, Evolution, 65-5, p1283-1296
Keiichi Ono, 1989, A Bony-Toothed Bird from the Middle Miocene, Chichibu Basin, Japan, Bull. Natn. Sci. Mus., Tokyo, Ser. C, 15(1), p33-38
S. Wroe, D. R. Huber, M. Lowry, C. McHenry, K. Moreno, P. Clausen, T. L. Ferrara, E. Cunningham, M. N. Dean, A. P. Summers, 2008, Three-dimensional computer analysis of white shark jaw mechanics: how hard can a great white bite?, Journal of Zoology, p1-7, DOI: 10.1111/j.1469-7998.2008.00494.x
Ursula B. Göhlich, 2007, The oldest fossil record of the extant penguin genus *Spheniscus* — a new species from the Miocene of Peru, Acta Palaeontologica Polonica, 52 (2), p285-298

【第2部 第2章】
《一般書籍》
『古生物学事典 第2版』編：日本古生物学会，2010年刊行，朝倉書店
『小学館の図鑑 NEO [新版] 動物』指導・執筆：三浦慎吾，成島悦雄，伊澤雅子，吉岡 基，室山泰之，北垣憲仁，
　　画：田中豊美ほか，2015年刊行，小学館
『新版 絶滅哺乳類図鑑』著：冨田幸光，伊藤丙雄，岡本泰子，2011年刊行，丸善出版株式会社
『生物学辞典』編：石川 統，黒岩常祥，塩見正衛，松本忠志，守 隆夫，八杉貞雄，山本正幸，2010年刊行，東京化学同人
『脊椎動物の進化 原著第5版』著：エドウィン・H・コルバート，マイケル・モラレス，イーライ・C・ミンコフ，2004年刊行，築地書館
『ポプラディア大図鑑　WONDA 大昔の生きもの』監修：大橋智之，奥村よほ子，川辺文久，木村敏之，小林快次，髙桒祐司，
　　中島 礼，執筆：土屋 健，ポプラ社
『After the Dinosaurs』著：Donald R. Prothero，2006年刊行，Indiana University Press
『Mammoths, Sabertooths, and Hominids』著：Jordi Agusti，Mauricio Antón，2005年刊行，Columbia University Press
『The Evolution of Artiodactyls』編：Donald R. Prothero，Scott E. Foss，2007年，The Johns Hopkins University Press
《特別展図録》
『太古の哺乳類展』2014年，国立科学博物館
《雑誌記事》
『絶滅哺乳類「デスモスチルス」は，泳ぎが上手だった?』著：土屋 健，ジオルジュ2013年後期号，p4-6，日本地質学会
《プレスリリース》
奇妙な哺乳類デスモスチルス類の進化と生態に寄与する新属新種標本および最大のデスモスチルス類標本の発見，2015年10月6日，
　　北海道大学
骨化石の微細構造が明らかにした，謎の絶滅哺乳類デスモスチルスの生態―デスモスチルスは泳ぎが上手だった―，2013年，
　　大阪市立自然史博物館
《WEBサイト》
"幻の奇獣"デスモスチルスを知っていますか?―絶滅哺乳類の古生態を復元する―，甲能直樹，私の研究―国立科学博物館の研究
　　者紹介―http://www.kahaku.go.jp/research/researcher/my_research/geology/kohno/
How Did the Giraffe Get Its Long Neck?，Elaine Iandoli，2015年10月13日，NYIT NEWS，
　　http://www.nyit.edu/box/news/how_did_the_giraffe_get_its_long_neck/
Sabertooths Had Weak Bites, Used Neck Muscles to Kill，Christine Dell'Amore，2013年7月3日，NATIONAL GEO-
　　GRAPHIC，
　　http://news.nationalgeographic.com/news/2013/07/130702-sabertooth-cat-bite-prehistoric-science-animals/
2.謎の海岸生活者 デスモスチルス，足寄動物化石博物館，http://www.museum.ashoro.hokkaido.jp/fun/desmostylia.html
《学術論文》
犬塚則久，2000，束柱目研究の動向と展望，足寄動物化石博物館紀要，第1号，p9-24
米澤隆弘，甲能直樹，長谷川政美，2008，鰭脚類の起源と進化，統計数理，第56巻第1号，p81-99
Brian Lee Beatty，Thomas C. Cockburn，2015，New insights on the most primitive desmostylian from a partial skeleton of *Behemotops* (Desmostylia, Mammalia) from Vancouver Island, British Columbia, Journal of Vertebrate Paleontology，35:5，e979939，DOI10.1080/02724634.2015.979939
C. Montes，A. Cardona，C. Jaramillo，A. Pardo，J. C. Silva，V. Valencia，C. Ayala，L. C. Pérez-Angel，L. A. Rodriguez-Parra，V. Ramirez，H. Niño，2015，Middle Miocene closure of the Central American Seaway，Scinece，vol.348，p226-229
Carina Hoorn，Suzette Flantua，2015，An early start for the Panama land bridge，Scinece，vol.348，p186-187
Kentaro Chiba，Anthony R. Fiorillo，Louis L. Jacobs，Yuri Kimura，Yoshitsugu Kobayashi，Naoki Kohno，Yosuke Nishida，Michael J. Polcyn，Kohei Tanaka，2016，A new desmostylian mammal from Unalaska (USA) and the robust Sanjussen jaw from Hokkaido (Japan), with comments on feeding in derived desmostylids，Historical Biology，28:1-2，p289-303，DOI: 10.1080/08912963.2015.1046718
Martin Pickford，Yousri Saad Attia，Medhat Said Abd El Ghani，2001，Discovery of *Prolibytherium magnieri* Arambourg, 1961 (Artiodactyla, Climacoceratidae) in Egypt，Geodiversitas，23 (4)，p647-652
Melinda Danowitz，Aleksandr Vasilyev，Victoria Kortlandt，Nikos Solounias，2015，Fossil evidence and stages of elongation of the *Giraffa camelopardalis* neck，R. Soc. open sci，2: 150393. http://dx.doi.org/10.1098/rsos.150393
Lawrence G. Barnes，Rodney E. Raschke，1991，*Gomphotaria pugnax*, a new genus and species of Late Miocene dusignathine Otariid Pinniped (Mammalia: Carnivora) from California，Contributions in Sceince, Natural History Museum of Los Angeles County，no.426，p1-16
Philip G. Cox，Andrés Rinderknecht，R. Ernesto Blanco，2015，Predicting bite force and cranial biomechanics in the largest fossil rodent using finite element analysis，J. Anat.，226，p215-223
Shoji Hayashi，Alexandra Houssaye，Yasuhisa Nakajima，Kentaro Chiba，Tatsuro Ando，Hiroshi Sawamura，Norihisa Inuzuka，Naotomo Kaneko，Tomohiro Osaki，2013，Bone Inner Structure Suggests Increasing Aquatic Adaptations in Desmostylia (Mammalia, Afrotheria)，PLoS ONE，8(4): e59146. doi:10.1371/journal.pone.0059146
Stephen Wroe，Uphar Chamoli，William C. H. Parr，Philip Clausen，Ryan Ridgely，Lawrence Witmer，2013，Comparative Biomechanical Modeling of Metatherian and Placental Saber-Tooths: A Different Kind of Bite for an Extreme Pouched Predator，PLoS ONE，8(6): e66888. doi:10.1371/journal.pone.0066888

【第2部 第3章】
《一般書籍》
『小学館の図鑑 NEO [新版] 動物』指導・執筆：三浦慎吾，成島悦雄，伊澤雅子，吉岡 基，室山泰之，北垣憲仁，画：田中豊美ほか，2015年刊行，小学館
『生命と地球の進化アトラス2』著：ドゥーガル・ディクソン，2003年刊行，朝倉書店
『生命と地球の進化アトラス3』著：イアン・ジェンキンス，2004年刊行，朝倉書店
『生命40億年全史』著：リチャード・フォーティ，2003年刊行，草思社
『ポプラディア大図鑑　WONDA 動物』総合監修：川田伸一郎，監修指導：田島木綿子，2012年刊行，ポプラ社
『Australia's lost world』著：Michael Archer, Suzanne J. Hand, Henk Godthelp, 2000年刊行，Indiana University Press
『Prehistoric mammals of Australia and New Guinea』著：John Long, Michael Archer, Timothy Flannery, Suzanne Hand, 2002年刊行, The John Hopkins University Press
《WEBサイト》
Animal Species:*Nimbacinus dicksoni*, Australian Museum, http://australianmuseum.net.au/nimbacinus-dicksoni
Fossils in Riversleigh, QLD, Australian Museum, http://australianmuseum.net.au/riversleigh
Neohelos – a browsing marsupial, Melbourne Museum,
　　　http://museumvictoria.com.au/melbournemuseum/discoverycentre/600-million-years/timeline/tertiary/neohelos/
Riversleigh Leaf-nosed Bat, Australian Beasts, ABC,
　　　http://www.abc.net.au/science/ausbeasts/factfiles/riversleighleafnosedbat.htm
《学術論文》
Karen H. Black, Julien Louys, Gilbert J. Price, 2013, Understanding morphological variation in the extant koala as a framework for identification of species boundaries in extinct koalas (Phascolarctidae; Marsupialia), Journal of Systematic Palaeontology, DOI:10.1080/14772019.2013.768304

【第3部 第1章】
《一般書籍》
『化石図鑑』著：利光誠一，中島 礼，2011年刊行，誠文堂新光社
『巨大絶滅動物　マチカネワニ化石』著：小林快次，江口太郎，2010年刊行，大阪大学出版会
『古生物学事典 第2版』編：日本古生物学会，2010年刊行，朝倉書店
『図解入門 最新地球史がよくわかる本[第2版]』著：川上紳一・東條文治，2009年刊行，秀和システム
『小学館の図鑑 NEO 水の生物』指導・執筆：白山義久 ほか，撮影：松沢陽士，楚山いさむ ほか，2005年刊行，小学館
『小学館の図鑑 NEO 両生類・はちゅう類』著：松井正文，疋田 努，太田英utorial，撮影：前橋利光，前田憲男，関 慎太郎 ほか，2004年刊行，小学館
『新版 地学事典』編：地学団体研究会，新版地学事典編集委員会，1996年刊行，平凡社
『生命と地球の進化アトラス3』著：イアン・ジェンキンス，2004年刊行，朝倉書店
《WEBサイト》
巨石のある風景，ハナ・ホームズ，NATIONAL GEOGRAPHIC日本版，http://natgeo.nikkeibp.co.jp/nng/article/20120222/299890/
第四紀下限変更に伴う諸問題検討に関する報告，日本地質学会拡大地層名委員会，日本地質学会，
　　　http://www.geosociety.jp/name/content0057.html
"第四紀"が地質年代区分から消える?, 斎藤文紀，2004年10月，GSJニュースレター，No.1,
　　　https://www.gsj.jp/data/newsletter/html/nl1/4.html
第四紀の定義，日本第四紀学会，http://quaternary.jp/news/teigi09.html
だいよんき　Q&A，日本第四紀学会，http://quaternary.jp/QA/answer/ans001.html
地球史Q&A，日本地質学会，http://www.geosociety.jp/faq/content0203.html
日本第四紀学会，http://quaternary.jp/index.html
マチカネワニ，大阪大学総合学術博物館，https://www.museum.osaka-u.ac.jp/jp/exhibition/3F/wani.html
《地質年代表》
International Commission on Stratigraphy, 2004, INTERNATIONAL STRATIGRAPHIC CHART
International Commission on Stratigraphy, 2007, INTERNATIONAL STRATIGRAPHIC CHART
International Commission on Stratigraphy, 2009, INTERNATIONAL STRATIGRAPHIC CHART
《学会誌記事》
『第四紀に関わる地質層序の新提案』第四紀通信，2004，vol.11, no.3, p14-15
『第四紀に関わる地質層序の新提案(続報)』第四紀通信，2004，vol.11, no.4, p16-17

【第3部 第2章】
《一般書籍》
『古生物学事典 第2版』編：日本古生物学会，2010年刊行，朝倉書店
『小学館の図鑑 NEO [新版] 動物』指導・執筆：三浦慎吾，成島悦雄，伊澤雅子，吉岡 基，室山泰之，北垣憲仁，画：田中豊美ほか，2015年刊行，小学館
『世界の化石遺産』著：P. A. セルデン，J. R. ナッズ，2009年刊行，朝倉書店
『Rancho La Brea : A Record of Pleistocene Life in California. Six Edition』著：Chester Stock, 1956年刊行, Los Angeles county museum of natural history
『Rancho La Brea : Treasures of the Tar Pits』編：John M. Harris, George T. Jefferson, 1985年刊行, The Natural History Museum Foundation

《WEBサイト》
在留邦人向け安全の手引き 在ロサンゼルス日本国総領事館，外務省海外安全ホームページ，
　　http://www.anzen.mofa.go.jp/manual/los_angeles.html
Fauna and Flora of Rancho La Brea，Department of Earth Sciences University of Bristol，
　　http://palaeo.gly.bris.ac.uk/Palaeofiles/Lagerstatten/rancho_la_brea/fanflo.html
LA BREA TAR PITS & MUSEUM，http://www.tarpits.org
Unites states Census，https://www.census.gov/en.html
《学術論文》
Richard L. Reynolds，1985，Domestic Dog Associated with Human Remains at Rancho La Brea，Bull. Southern California Acad. Sci.，vol.84，no.2，p76-85
Timothy G. Bromage，Stewart Shermis，1981，The La Brea woman(HC 1323): Descriptive analysis，California archaeology occasional papers，no.3，p59-75

【第3部 第3章】
《一般書籍》
『化石から生命の謎を解く』編：化石研究会，2011年刊行，朝日新聞出版
『化石の記憶』著：矢島道子，2008年刊行，東京大学出版会
『古生物学事典 第2版』編：日本古生物学会，2010年刊行，朝倉書店
『小学館の図鑑 NEO [新版] 動物』指導・執筆：三浦慎吾，成島悦雄，伊澤雅子，吉岡 基，室山泰之，北垣憲仁，画：田中豊美ほか，2015年刊行，小学館
『新版 絶滅哺乳類図鑑』著：冨田幸光，伊藤丙雄，岡本泰子，2011年刊行，丸善出版株式会社
『生命40億年全史』著：リチャード・フォーティ，2003年刊行，草思社
『東京都の歴史』(第2版)著：竹内 誠，古泉 弘，池上裕子，加藤 貴，藤野 敦，2012年刊行，山川出版社
『よみがえる恐竜・古生物』監修：群馬県立自然史博物館，著：ティム・ヘインズ，ポール・チェンバーズ，2006年刊行，ソフトバンク クリエイティブ株式会社
『Mammoths : Giants of the Ice Age REVISED EDITION』著：Adrian Lister，Paul Bahn，Richard Green，2009年刊行，University of California Press
『Mammoths, Sabertooths, and Hominids』著：Jordi Agusti，Mauricio Antón，2005年刊行，Columbia University Press
『Megafauna : Giant beasts of Pleistocene South America』著：Richard A. Fariña，Sergio F. Vizcaino，Gerry de Iuliis，2013年刊行，Indiana University Press
『The Great Bear Almanac』著：Gary Brown，1993年刊行，LYONS & BURFORD
『Vertebrate Palaeontology FOURTH EDITION』著：Micael J. Benton，2015年刊行，WILEY Blackwell
《特別展図録》
『太古の哺乳類展』2014年，国立科学博物館
『第65回特別展 北海道象化石展!』2009年，北海道開拓記念館
『マンモス「YUKA」』2013年，パシフィコ横浜
《講演予稿集》
日本古生物学会第161回例会(群馬県)講演予稿集，2012年刊行
《WEBサイト》
ナウマン博士とは，フォッサマグナミュージアム，糸魚川市，http://www.city.itoigawa.lg.jp/6526.htm
野尻湖ナウマンゾウ博物館，http://nojiriko-museum.com
バーチャルナウマン象記念館，忠類村，http://www.makubetsu.jp/kyuchuhp/vt.html
約4.5万年前の北海道では，ナウマンゾウとマンモスゾウが共存していた!?，当館所蔵の象類化石に関する研究紹介，北海道開拓記念館，
　　http://www.hmh.pref.hokkaido.jp/NEWS/News/zou2013.html
オオツノジカ発見・発掘から200年，長谷川善和，群馬県立自然史博物館，
　　http://www.gmnh.pref.gunma.jp/publishing/demeter/past/1_02.html
Bears Cave，Romanian Monasteries. org，http://www.romanianmonasteries.org/romania/bears-cave
BEARS'CAVE in Chiscau, Bihor，http://www.pesteraursilor.ro/en/#!prettyPhoto
Lsacaux，Norbert Aujoulat，conservateur du patrimoine，chef du département d'Art pariétal du Centre national de Préhistoire，http://www.lascaux.culture.fr
Ursilor Cave，Welcome to Romania，http://www.welcometoromania.ro/Apuseni/Apuseni_Pestera_Ursilor_e.htm
《学術論文》
圓谷昂史，添田雄二，廣瀬 亘，林 圭一，加瀬善洋，大津 直，五十嵐八重子，畠 誠，北広島市音別川流域から発見された象類臼歯化石に関する地質調査結果，2015，北方地域の人と環境の関係史 研究報告，p5-18
添田雄二，高橋啓一，小田寛貴，2013，北広島市音江別川流域から産出した象類化石の14C年代測定結果，北方地域の人と環境の関係史 2010-12年度調査報告，p5-10
高橋啓一，出穂雅実，添田雄二，張 鈞翔，2005，日本産マンモスゾウ化石の年代測定結果からわかったその生息年代といくつかの新知見，化石研究会会誌，vol.38(2)，p116-125
高橋啓一，添田雄二，出穂雅実，小田寛貴，大石 徹，2013，北海道のゾウ化石とその研究の到達点，化石研究会会誌，vol.45(2)，p45-54
Eske Willerslev，John Davison，Mari Moora，Martin Zobel，Eric Coissac，Mary E. Edwards，Eline D. Lorenzen，Mette Vestergård，Galina Gussarova，James Haile，Joseph Craine，Ludovic Gielly，Sanne Boessenkool，Laura S. Epp，Peter B. Pearman，Rachid Cheddadi，David Murray，Kari Anne Bråthen，Nigel Yoccoz，Heather Binney，Corinne Cruaud，Patrick Wincker，Tomasz Goslar，Inger Greve Alsos，Eva Bellemain，Anne Krag Brysting，Reidar Elven，Jørn Henrik Sønstebø，Julian Murton，Andrei Sher，Morten Rasmussen，Regin

Rønn, Tobias Mourier, Alan Cooper, Jeremy Austin, Per Möller, Duane Froese, Grant Zazula, François Pompanon, Delphine Rioux, Vincent Niderkorn, Alexei Tikhonov, Grigoriy Savvinov, Richard G. Roberts, Ross D. E. MacPhee, M. Thomas P. Gilbert, Kurt H. Kjær, Ludovic Orlando, Christian Brochmann, Pierre Taberlet, 2014, Fifty thousand years of Arctic vegetation and megafaunal diet, nature, vol.506, p47-51

Keiichi Takahashi, Yuji Soeda, Masami Izuho, Goro Yamada, Morio Akamatsu, Chu-Hsiang Chang, 2006, the chronological record of the woolly mammoth (*Mammuthus primigenis*) in Japan, and its temporary replacement by *Palaeoloxodon naumanni* during MIS 3 in Hokkaido (northen Japan), Palaeogeography, Palaeoclimatology, Palaeoecology, 223. p1-10

M. Susana Bargo, 2001, The ground sloth *Megatherium americium*: Skull shape, bite force, and diet, Acta Palaeontologica Polonica, 46, 2, p173-192

Mathias Stiller, Gennady Baryshnikov, Hervé Bocherens, Aurora Grandal d'Anglade, Brigitte Hilpert, Susanne C. Münzel, Ron Pinhasi, Gernot Rabeder, Wilfried Rosendahl, Erik Trinkaus, Michael Hofreiter, Michael Knapp, 2010, Withering Away—25,000 Years of Genetic Decline Preceded Cave Bear Extinction, Mol. Biol. Evol., 27(5), p975–978, doi:10.1093/molbev/msq083

Ross Barnett, Beth Shapiro, Ian Barnes, Simon Y. W. Ho, Joachim Burger, Nobuyuki Yamaguchi, Thomas F. G. Higham, H. Todd Wheeler, Wilfried Rosendahl, Andrei V. Sher, Marina Sotnikova, Tatian Kuznetsova, Gennady D. Baryshinikov, Larry D. Martin, C. Richard Harington, James A. Burns, Alan Cooper, 2009, Phylogeography of lions (*Panthera leo* ssp.) reveals three distinct taxa and a late Pleistocene reduction in genetic diversity, Molecular Ecology, doi: 10.1111/j.1365-294X.2009.04134.x

【第3部 第4章】
《一般書籍》
『小学館の図鑑 NEO [新版] 動物』指導・執筆：三浦慎吾、成島悦雄、伊澤雅子、吉岡 基、室山泰之、北垣憲仁、画：田中豊美ほか、2015年刊行、小学館
『新版 絶滅哺乳類図鑑』著：冨田幸光、伊藤丙雄、岡本泰子、2011年刊行、丸善出版株式会社
『Australia's lost world』著：Michael Archer, Suzanne J. Hand, Henk Godthelp, 2000年刊行、Indiana University Press
『Prehistoric mammals of Australia and New Guinea』著：John Long, Michael Archer, Timothy Flannery, Suzanne Hand, 2002年刊行、The John Hopkins University Press
『Vertebrate Palaeontology FOURTH EDITION』著：Micael J. Benton, 2015年刊行、WILEY Blackwell
《学術論文》
Christine M. Janis, Karalyn Buttrill, Borja Figueirido, 2014, Locomotion in Extinct Giant Kangaroos: Were Sthenurines Hop-Less Monsters?, PLoS ONE, 9(10): e109888. doi:10.1371/journal.pone.0109888
Paul L. Koch, Anthony D. Barnosky, 2006, Late Quaternary Extinctions: State of the Debate, Annu. Rev. Ecol. Evol. Syst., 37, p215–250
Stephen Wroe, Judith H. Field, Michael Archer, Donald K. Grayson, Gilbert J. Price, Julien Louys, J. Tyler Faith, Gregory E. Webb, Iain Davidson, Scott D. Mooney, 2013, Climate change frames debate over the extinction of megafauna in Sahul (Pleistocene Australia-New Guinea), PNAS, vol.110, no.22, p8777-8781

【エピローグ】
《一般書籍》
『小学館の図鑑 NEO [新版] 動物』指導・執筆：三浦慎吾、成島悦雄、伊澤雅子、吉岡 基、室山泰之、北垣憲仁、画：田中豊美ほか、2015年刊行、小学館
『人体600万年史＜上＞』著：ダニエル・E・リーバーマン、2015年刊行、早川書房
『新版 絶滅哺乳類図鑑』著：冨田幸光、伊藤丙雄、岡本泰子、2011年刊行、丸善出版株式会社
『人類の進化大図鑑』編著：アリス・ロバーツ、2012年刊行、河出書房新社
『ネアンデルタール人は私たちと交配した』著：スヴァンテ・ペーボ、2015年刊行、文藝春秋
『Newton別冊 生命史35億年の大事件ファイル』2010年刊行、ニュートンプレス
《雑誌記事》
『人類誕生のヒミツ』取材・文：土屋 健、子供の科学2016年1月号、p12-21、誠文堂新光社
《WEBサイト》
学校保健統計調査-平成26年度(確定値)の結果の概要、文部科学賞、
　　http://www.mext.go.jp/b_menu/toukei/chousa05/hoken/kekka/k_detail/1356102.htm
国際宇宙ステーション(ISS)、宇宙航空研究開発機構、http://iss.jaxa.jp/iss/
《学術論文》
Christine M. Janis, Karalyn Buttrill, Borja Figueirido, 2014, Locomotion in Extinct Giant Kangaroos: Were Sthenurines Hop-Less Monsters?, PLoS ONE, 9(10): e109888. doi:10.1371/journal.pone.0109888
Tim D. White, Berhane Asfaw, Yonas Beyene, Yohannes Haile-Selassie, C. Owen Lovejoy, Gen Suwa, Giday Wolde-Gabriel, 2009, *Ardipithecus ramidus* and the Paleobiology of Early Hominids, Science, vol.326, p64 & p75-86
Xijun Ni, Daniel L. Gebo, Marian Dagosto, Jin Meng, Paul Tafforeau, John J. Flynn, K. Christopher Beard, 2013, The oldest known primate skeleton and early haplorhine evolution, nature, vol.498, p60-64

索引 図版掲載ページは太数字

アーキセブス **151**, **152**, 153
Archicebus
アウストラロピテクス 156, **157**, 158
Australopithecus
アカカンガルー 67, 70, 145, 146
Macropus rufus
アクロフォカ **63**, 64
Acrophoca
アショロア **52**, 55, 58, **59**, 60
Ashoroa
アストラポテリウム 43, **44**
Astrapotherium
アデリーペンギン 16
Pygoscelis
アホウドリ 15
Phoebastria albatrus
アメリカバイソン 143
Bison bison
アメリカマストドン **100**, 101
Mammut americanum
アメリカライオン **91**, 92, 128
Panthera atrox
アルシノイテリウム 43
Arsinoitherium
アルディピテクス 154, **155**, 156
Ardipithecus
アロデスムス **65**
Allodesmus
アンペロメリックス 30, **31**
Ampelomeryx
イリエワニ 84
Crocodylus porosus
イリンゴケロス **30**
Illingoceros
イワトビペンギン 16
Eudyptes
ヴァンダーフーフィウス ... **59**, 60
Vanderhoofius
エカルタデタ 69, **70**, 145
Ekaltadeta
エナリアルクトス **62**, 63
Enaliarctos
オオナマケモノ→メガテリウムの項を参照

オカピ 32, **33**, **35**, 36
Okapia johnstoni
オステオドントルニス ... **15**
Osteodontornis
オロリン 154
Orrorin
カオグロキノボリカンガルー 147
Dendrolagus lumholtzi
ガストルニス 11, 12
Gastornis
ガストロセカ・グエンセリ 17, **18**
Gastrotheca guentheri

カタクチイワシ 16
Engraulis japonica
カバ 51
Hippopotamus amphibius
カピバラ 49
Hydrochoerus hydrochaeris
カリコテリウム 38, **39**, 156
Chalicotherium
カンスメリックス **33**
Canthumeryx
キバウミニナ 24
Terebralia palustris
キリン 31, 32, **33**, **35**, 36
Giraffa camelopardalis
キンカチョウ 14
Taeniopygia
グリプトドン **137**, 138
Glyptodon
ケープペンギン→スフェニスクスの項を参照
Spheniscus demersus
ケナガマンモス 102, **104**, **105**, 106, **107**,
Mammuthus primigenius   110, 111, 112, **113**, 114,
                             115, 123, 138, 139, 147,
                             159

コアラ 67, **74**
Phascolarctos cinereus
コヨーテ **93**, 96
Canis latrans
ゴリラ 156
Gorilla
コロンビアマンモス 97, **98**, 99, 101, 102, **103**
Mammuthus columbi
ゴンフォタリア **64**
Gomphotaria
サヘラントロプス **153**, 154, 156
Sahelanthropus
サモテリウム **33**, **35**, 36
Samotherium
ザルガイ 87
Vasticardium burchardi
シバテリウム **33**, **34**, 36
Sivatherium
ジャイアント・ウォンバット→ファスコロヌスの項を参照

ジャガー 93
Panthera onca
ジョセフォアルティガシア **49**, 50
Josephoartigasia
ジラファ・シヴァレンシス 36
Giraffa sivalensis
シンディオケラス **28**, **29**, 30
Syndyoceras
シンテトケラス **28**, **29**
Synthetoceras

索引

図版掲載ページは太数字

ステゴテトラベロドン …… 102
Stegotetrabelodon
スフェニスクス ………… 14, 15, **16**,
Spheniscus
スミロドン ……………… 46, **90**, 91, 92, 93, 96, 138,
Smilodon 147, 156

ゼニガタアザラシ ……… 63
Phoca vitulina
ダイアウルフ …………… **92**, 93, **94**, **95**, 96, 138
Canis dirus
タカハシホタテ ………… 24, 25, **26**, **27**, 156
Fortipecten
タフォゾウス …………… 76
Taphozous
チンパンジー …………… 154, 156, 158
Pan
ディプロトドン ………… 143, **144**, 145, 146
Diprotodon
ティラキヌス …………… **142**,
Thylacinus
ティラコスミルス ……… **45**, 46, 48
Thylacosmilus
ティラコレオ …………… 140, **141**
Thylacoleo
ディンゴ ………………… 149
Canis lupus dingo
デスモスチルス ………… **50**, 55, **56**, **57**, **58**, **59**, 60
Desmostylus
トアテリウム …………… **40**, 41
Thoatherium
トウキョウホタテ ……… **86**
Mizuhopecten
トクソドン ……………… **42**, **43**, 47
Toxodon
トヨタマフィメイア …… 83, 84, **85**, 86
Toyotamaphimeia
トリアドバトラクス …… **17**, 18
Triadobatrachus
トリケロメリックス …… 30, **31**
Triceromeryx
トロゴンテリーマンモス… 102, **103**, 106
Mammuthus trogontherii
ナウマンゾウ …………… 108, **109**, 110, 111, **112**,
Palaeoloxodon naumanni 113, 114, 115, 116, 122

ニホンジカ ……………… 115
Cervus nippon
ニンバキヌス …………… **69**, 70, 142
Nimbacinus
ネオヘロス ……………… 70, **71**, 145
Neohelos
ノドチャミユビナマケモノ 133, 136
Bradypus variegatus
パノクトゥス …………… 137, **138**
Panochthus

パレオパラドキシア …… **54**, 55, 58, **59**, 60
Paleoparadoxia
ビカリア ………………… 24, **25**
Vicarya
ヒプシプリムノドン・バルソロマイイ 70, **74**, 75
Hypsiprymnodon bartholomaii
ヒメウォンバット ……… **142**, 143
Vombatus ursinus
ピューマ ………………… 93
Felis concolor
ヒョウ …………………… 46, 140
Panthera pardus
ファスコロヌス ………… **143**, 145, 146
Phascolonus
プイジラ→ペウユラの項を参照

フォルスラコス ………… **12**
Phorusrhacos
フクロオオカミ→ティラキヌスの項を参照

フタバサウルス
（フタバスズキリュウ）… 32
Futabasaurus
ブラウンスイシカゲガイ **87**
Fuscocardium
ブラキッポシデロス …… 75
Brachippposideros
プリオヒップス ………… 9
Pliohippus
プリスシレオ …………… **68**, 69, 70, 140
Priscileo
プロコプトドン ………… 145, **146**, 147
Procoptodon
プロドレモテリウム …… **33**
Prodremotherium
プロリビテリウム ……… 30, **31**
Prolibytherium
プロングホーン
（エダツノレイヨウ）…… 30
Antilocapra americana
フンボルトペンギン→スフェニスクスの項を参照
Spheniscus humboldti
ペウユラ ………………… **61**, 62, 63
Puijila
ヘキサメリックス ……… 30
Hexameryx
ベヘモトプス …………… **53**, 55, 58, **59**
Behemotops
ヘラジカ ………………… 34, 122
Alces alces
ホタテガイ ……………… 26, 27, 86, 87
Mizuhopecten yessoensis
ボブキャット …………… 93
Lynx rufus
ホホジロザメ …………… **19**, 20, 21, 22, 23, 24
Carcharodon carcharias

和名	ページ
ホマロドテリウム *Homalodotherium*	41
ホモ・エレクトゥス *Homo erectus*	158, 159
ホモ・ネアンデルターレンシス *Homo neanderthalensis*	159
ホモ・ハビリス *Homo habilis*	158
ホラアナグマ *Ursus spelaeus*	129, 130, 131, 132, 138, 139
ホラアナハイエナ *Crocuta spelaea*	128, 129
ホラアナライオン *Panthera spelaea*	123, 124, 125, 126, 127, 128, 129
ボロファグス *Borophagus*	156
マクロデルマ *Macroderma*	75, 76
マゼランペンギン→スフェニスクスの項を参照 *Spheniscus magellanicus*	
マチカネワニ→トヨタマフィメイアの項を参照	
マッコウクジラ *Physeter macrocephalus*	22, 23
マレーガビアル *Tomistoma schlegelii*	84, 85
ミナミケバナウォンバット *Lasiorhinus latifrons*	142
メガテリウム *Megatherium*	132, 133, 134, 135, 136, 137, 138
メガロケロス *Megaloceros*	118, 119, 122, 123
メガロドン（サメ）*"Carcharocles megalodon" Carcharodon megalodon"*	18, 19, 20, 21, 22, 23, 24, 156
メガロドン（二枚貝）*Megalodon*	19, 20
メリジオナリスマンモス *Mammuthus meridionalis*	102, 103, 106
モロプス *Moropus*	37, 38
ヤベオオツノジカ *Sinomegaceros yabei*	116, 117, 122
ララワヴィス *Llallawavis*	12, 13, 14, 156
リトコアラ *Litokoala*	70, 74

索引　学名一覧表

Acrophoca	アクロフォカ	*Fuscocardium*	ブラウンスイシカゲガイ
Alces alces	ヘラジカ	*Futabasaurus*	フタバサウルス（フタバスズキリュウ）
Alces alces	ヘラジカ	*Gastornis*	ガストルニス
Allodesmus	アロデスムス	*Gastrotheca guentheri*	ガストロセカ・グエンセリ
Ampelomeryx	アンペロメリックス	*Giraffa camelopardalis*	キリン
Antilocapra americana	プロングホーン（エダツノレイヨウ）	*Giraffa sivalensis*	ジラファ・シヴァレンシス
Archicebus	アーキセブス	*Glyptodon*	グリプトドン
Ardipithecus	アルディピテクス	*Gomphotaria*	ゴンフォタリア
Arsinoitherium	アルシノイテリウム	*Gorilla*	ゴリラ
Ashoroa	アショロア	*Hexameryx*	ヘキサメリックス
Astrapotherium	アストラポテリウム	*Hippopotamus amphibius*	カバ
Australopithecus	アウストラロピテクス	*Homalodotherium*	ホマロドテリウム
Behemotops	ベヘモトプス	*Homo erectus*	ホモ・エレクトゥス
Bison bison	アメリカバイソン	*Homo habilis*	ホモ・ハビリス
Borophagus	ボロファグス	*Homo neanderthalensis*	ホモ・ネアンデルターレンシス
Brachipposideros	ブラキッポシデロス	*Hydrochoerus hydrochaeris*	カピバラ
Bradypus variegatus	ノドチャミユビナマケモノ	*Hypsiprymnodon bartholomaii*	ヒプシプリムノドン・バルソロマイ
Canis dirus	ダイアウルフ	*Illingoceros*	イリンゴケロス
Canis latrans	コヨーテ	*Josephoartigasia*	ジョセフオアルティガシア
Canis lupus dingo	ディンゴ	*Lasiorhinus latifrons*	ミナミケバナウォンバット
Canthumeryx	カンスメリックス	*Litokoala*	リトコアラ
Carcharocles megalodon	メガロドン（サメ）	*Llallawavis*	ララワヴィス
Carcharodon megalodon		*Lynx rufus*	ボブキャット
Carcharodon carcharias	ホホジロザメ	*Macroderma*	マクロデルマ
Cervus nippon	ニホンジカ	*Macropus rufus*	アカカンガルー
Chalicotherium	カリコテリウム	*Mammut americanum*	アメリカマストドン
Crocodylus porosus	イリエワニ	*Mammuthus columbi*	コロンビアマンモス
Crocuta spelaea	ホラアナハイエナ	*Mammuthus meridionalis*	メリジオナリスマンモス
Dendrolagus lumholtzi	カオグロキノボリカンガルー	*Mammuthus primigenius*	ケナガマンモス
Desmostylus	デスモスチルス	*Mammuthus trogontherii*	トロゴンテリーマンモス
Desmostylus	デスモスチルス	*Megaloceros*	メガロケロス
Diprotodon	ディプロトドン	*Megalodon*	メガロドン（二枚貝）
Ekaltadeta	エカルタデタ	*Megatherium*	メガテリウム
Enaliarctos	エナリアルクトス	*Mizuhopecten*	トウキョウホタテ
Engraulis japonica	カタクチイワシ	*Mizuhopecten yessoensis*	ホタテガイ
Eudyptes	イワトビペンギン	*Moropus*	モロプス
Felis concolor	ピューマ	*Neohelos*	ネオヘロス
Fortipecten	タカハシホタテ	*Nimbacinus*	ニンバキヌス

Okapia johnstoni	オカピ	*Terebralia palustris*	キバウミニナ
Orrorin	オロリン	*Thoatherium*	トアテリウム
Osteodontornis	オステオドントルニス	*Thylacinus*	ティラキヌス
Palaeoloxodon naumanni	ナウマンゾウ	*Thylacoleo*	ティラコレオ
Paleoparadoxia	パレオパラドキシア	*Thylacosmilus*	ティラコスミルス
Pan	チンパンジー	*Tomistoma schlegelii*	マレーガビアル
Panochthus	パノクトゥス	*Toxodon*	トクソドン
Panthera atrox	アメリカライオン	*Toyotamaphimeia*	トヨタマフィメイア
Panthera onca	ジャガー	*Triadobatrachus*	トリアドバトラクス
Panthera pardus	ヒョウ	*Triceromeryx*	トリケロメリックス
Panthera spelaea	ホラアナライオン	*Ursus spelaeus*	ホラアナグマ
Phascolarctos cinereus	コアラ	*Vanderhoofius*	ヴァンダーフーフィウス
Phascolonus	ファスコロヌス	*Vasticardium burchardi*	ザルガイ
Phoca vitulina	ゼニガタアザラシ	*Vicarya*	ビカリア
Phoebastria albatrus	アホウドリ	*Vombatus ursinus*	ヒメウォンバット
Phorusrhacos	フォルスラコス		
Physeter macrocephalus	マッコウクジラ		
Pliohippus	プリオヒップス		
Priscileo	プリスシレオ		
Procoptodon	プロコプトドン		
Prodremotherium	プロドレモテリウム		
Prolibytherium	プロリビテリウム		
Puijila	ペウユラ		
Pygoscelis	アデリーペンギン		
Sahelanthropus	サヘラントロプス		
Samotherium	サモテリウム		
Sinomegaceros yabei	ヤベオオツノジカ		
Sivatherium	シバテリウム		
Smilodon	スミロドン		
Spheniscus	スフェニスクス		
Spheniscus demersus	ケープペンギン		
Spheniscus humboldti	フンボルトペンギン		
Spheniscus magellanicus	マゼランペンギン		
Stegotetrabelodon	ステゴテトラベロドン		
Syndyoceras	シンディオケラス		
Synthetoceras	シンテトケラス		
Taeniopygia	キンカチョウ		
Taphozous	タフォゾウス		

Appendix

ゾウ類
ケナガマンモス
Mammuthus primigenius
ポーランド産の左下顎の化石。実寸大。洗濯板のような凸構造があるのは臼歯である。
(Photo：オフィス ジオパレオント)

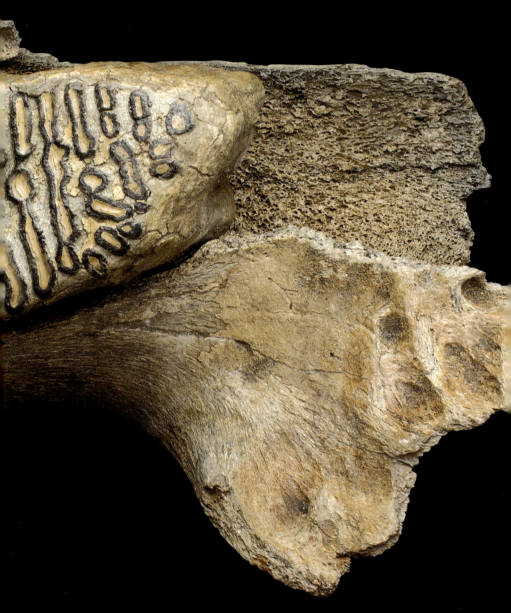

■ 著者略歴

土屋 健(つちや・けん)

オフィス ジオパレオント代表。サイエンスライター。埼玉県生まれ。金沢大学大学院自然科学研究科で修士号を取得（専門は地質学、古生物学）。その後、科学雑誌『Newton』の記者編集者、サブデスク（部長代理）を経て2012年に独立し、現職。フリーランスとして、日本地質学会の一般向け広報誌『ジオルジュ』のデスク兼ライターを務めるほか、雑誌などの寄稿も多い。twitter（https://twitter.com/paleont_kt）では、古生物学や地質学に関連した和文ニュースの紹介を中心に平日毎朝ツイートしている。第9巻執筆時から新たにシェルティを家族に迎えた。愛犬たちとの散歩と昼寝が日課。近著に『白亜紀の生物 上巻』『白亜紀の生物 下巻』（ともに技術評論社）、『「もしも?」の図鑑 古生物の飼い方』（実業之日本社）、『ザ・パーフェクト』（誠文堂新光社）など。監修書に『ときめく化石図鑑』（著：土屋 香, 山と渓谷社）。

http://www.geo-palaeont.com/

■ 監修団体紹介

群馬県立自然史博物館(ぐんまけんりつしぜんしはくぶつかん)

世界遺産「富岡製糸場」で知られる群馬県富岡市にあり、地球と生命の歴史、群馬県の豊かな自然を紹介している。1996年開館の「見て・触れて・発見できる」博物館。常設展示「地球の時代」には、全長15mのカマラサウルスの実物骨格やブラキオサウルスの全身骨格、ティラノサウルス実物大ロボット、トリケラトプスの産状復元と全身骨格などの恐竜をはじめ、三葉虫の進化系統樹やウミサソリ、皮膚の印象が残ったヒゲクジラ類化石やヤベオオツノジカの全身骨格などが展示されている。その他にも、群馬県の豊かな自然を再現したいくつものジオラマ、ダーウィン直筆の手紙、アウストラロピテクスなど化石人類のジオラマなどが並んでいる。企画展も年に3回開催。

http://www.gmnh.pref.gunma.jp/

■ 古生物イラスト

えるしま　さく

多摩美術大学日本画学科卒業。博物学をテーマにしたTシャツブランド「パイライトスマイル」のイラストレーター。その他媒体にもイラストを提供している。生き物と鉱物が好き。
「パイライトスマイル」http://pyritesmile.shop-pro.jp
毛漫画ブログ→「召喚獣猫の手」http://erushimasaku.blog65.fc2.com/

```
              編集 ■ ドゥ アンド ドゥ プランニング有限会社
       装幀・本文デザイン ■ 横山明彦(WSB inc.)
          古生物イラスト ■ えるしまさく　小堀文彦(AEDEAGUS)
            シーン復元 ■ 小堀文彦(AEDEAGUS)
                作図 ■ 土屋 香
```

生物ミステリー PRO
古第三紀・新第三紀・第四紀の生物　下巻

発 行 日	2016年8月25日 初版　第1刷発行

著　者　　土屋　健
発 行 者　　片岡　巖
発 行 所　　株式会社技術評論社
　　　　　　東京都新宿区市谷左内町21-13
　　　　　　電話　03-3513-6150　販売促進部
　　　　　　　　　03-3267-2270　書籍編集部

印刷／製本　大日本印刷株式会社

定価はカバーに表示してあります。
本書の一部または全部を著作権法の定める範囲を超え、無断で複写、複製、転載あるいはファイルに落とすことを禁じます。

Ⓒ 2016 土屋 健
　　　ドゥアンドゥプランニング有限会社

造本には細心の注意を払っておりますが、万一、乱丁（ページの乱れ）や落丁（ページの抜け）がございましたら、小社販売促進部までお送りください。
送料小社負担にてお取り替えいたします。

ISBN978-4-7741-8253-7 C3045
Printed in Japan